日本の海を守る新しいチカラ

緊張が続く日本周辺海域の監視、警備を担う海上保安庁。
それを支え、昼夜問わず海の安全を守る船艇と航空機のニューフェイスを一挙ご紹介します。

（特記されていない写真はすべて岩尾克治撮影）

JAPAN COAST GUARD

シーガーディアン　〔無操縦者航空機〕

最新のレーダーとカメラで、リアルタイムに空から日本の海を見守る

▲ オペレーションセンター内部

▲ 大型のモニターが並ぶ

▲ 左がパイロット席、右がセンサーオペレーター席のコクピット

▲ 格納庫に収納されたシーガーディアン

（写真は全て官野貴）

PLH35 あさづき

スーパーピューマ 225 型ヘリコプター搭載の「れいめい」型最新大型巡視船

（海上保安庁提供）

▲ 最新の操舵装置や機関監視盤が並ぶ操舵室

▲ 目標追尾型遠隔操縦機能付き20ミリ機関砲

▲ 40ミリ機関砲と放水銃

PLH43 あさなぎ〔進水式〕

PL202 おおすみ

JAPAN COAST GUARD

日本の海を守る新しいチカラ

スーパーピューマ型ヘリコプターが着船可能な機動力に富んだ「みやこ」型巡視船

（海上保安庁提供）

PL203 やえやま〔進水式〕

JAPAN COAST GUARD

PL93 わかさ

原子力発電所の警備を見据え、日本海で警備・救難業務を担う

(井上孝司)

▲ 最新操舵装置等が設置された操舵室

▲ 情報収集用のモニターが並ぶ OIC 区画

▲ 遠隔操作式 30 ミリ機関砲

▲ 複合型ゴムボートを 2 隻搭載

PM59 ちとせ

40年間、北の海を守り続けた先代「ちとせ」の任務を引継ぐ

（海上保安庁提供）

Topics

2023年3月12日
マリンタクト KOBE 始動！

大阪湾海上交通センターがポートアイランドに移転

▲ 大阪湾海上交通センターの外観

▲ 360.5㎡の運用管制室中央に備えられた縦1.4m×横3.6メートルの多画面装置

PS21 さろま ／ PS22 きりしま

高速性と外洋行動能力を併せ持つ

（海上保安庁提供）

▲ 広く見渡せる設計になっている操舵室

▲ 会議や食事に使用される公室

▲ RFS 付き 20mm 多銃身機関砲

PC129 たかつき

強行接舷を想定した防舷材を備える高速巡視船

（船元康子）

▲ 高速航行時乗組員を守る油圧ダンパーつきシートがある操舵室

▲ RFS 付き 13mm 多銃身機関銃

▲ 新型コロナ感染患者対応の部屋。通常は多目的室として使用

▲ 小型の複合型ゴムボート

CL204 ささかぜ

圧倒的多数の隻数を誇る海上保安庁の働き者

（船元康子）

▲ 最新式の操舵装置と赤外線捜索装置を備えた操舵室

▲ 昼間でもよく見える停船命令等表示装置

▲ 操舵室後方部にある新型コロナ感染者用隔離区画

CL13 しゃちかぜ

小型船舶の操縦免許で操船が可能な新しい型の巡視艇

（船元康子）

▲ 一回り小柄になった新型の 18m 型巡視艇

▲ コンパクト化された船橋は機器も機能的

▲ 小型の停船命令等表示装置

【本ガイドについて】

・本ガイドは 2023 年 4 月 1 日現在の情報をもとに編集している。

・船艇、航空機の要目については、公表されていない項目があり、それらに関しては本ガイドでも掲載していない。

・本書で表記している「型名」は、原則として現在配備されている船艇の中で、竣工年の最も古い船艇名を型名として使用している。

・本ガイドでは、建造当時の造船所名を略して掲載している。略称の正式な社名は下記の通り。

	本書で使用している略称	正式名称
あ	IHI 横浜	アイ・エイチ・アイ マリンユナイテッド株式会社横浜工場
い	石原造船所	株式会社石原造船所
	石播東一	石川島播磨重工株式会社東京第一工場
う	臼杵鉄工所	株式会社臼杵鉄工所
か	川重神戸	川崎重工業株式会社　神戸工場
	川重坂出	川崎重工業株式会社　坂出工場
き	木曽造船	株式会社木曽造船
こ	鋼管鶴見	日本鋼管株式会社　鶴見造船所
さ	佐世保重工	佐世保重工業株式会社
し	JMU 磯子	ジャパンマリンユナイテッド株式会社　横浜事業所　磯子工場
	JMU 鶴見	ジャパンマリンユナイテッド株式会社　横浜事業所　鶴見工場
	信貴造船所	株式会社信貴造船所
	四国ドック	四国ドック株式会社
す	住重浦賀	住友重機械工業株式会社　浦賀艦船工場
	墨田川造船	墨田川造船株式会社
せ	瀬戸内	瀬戸内クラフト株式会社
と	東北造船	東北造船株式会社
な	内海造船	内海造船株式会社
	内海田熊	内海造船株式会社　田熊工場
	長崎造船	長崎造船株式会社
	楢崎造船	楢崎造船株式会社
に	新潟造船	新潟造船株式会社
	ニッスイマリン	ニッスイマリン株式会社
は	函館どつく	函館どつく株式会社
ひ	日立神奈川	日立造船株式会社　神奈川工場
	日立舞鶴	日立造船株式会社　舞鶴工場
ほ	本瓦造船	本瓦造船株式会社
み	三井E&S	三井E&S造船株式会社　玉野艦船工場
	三井玉野	三井造船株式会社　玉野事業所
	三菱下関	三菱重工業株式会社　下関造船所
	三菱玉野	三菱重工マリタイムシステムズ株式会社　玉野事業所
	三菱長崎	三菱重工業株式会社　長崎造船所
	三保造船所	株式会社三保造船所
や	ヤマハ	ヤマハ発動機株式会社
	ヤンマー	ヤンマー舶用システム株式会社
ゆ	ユニバーサル	ユニバーサル造船株式会社　京浜事業所
よ	横浜ヨット	横浜ヨット株式会社
わ	若松造船	若松造船株式会社

型別 船艇・航空機ガイド

PLH05 ざおう、CL125 しらはぎ（小山信夫）

警備救難業務用船
PATROL VESSELS

巡視船	PLH 型（Patrol vessel Large with Helicopter）		19 隻
	PL 型（Patrol vessel Large）		52 隻
	PM 型（Patrol vessel Medium）		37 隻
	PS 型（Patrol vessel Small）		35 隻
	FL 型（Fire fighting boat Large）		1 隻
巡視艇	PC 型（Patrol Craft）		70 隻
	CL 型（Craft Large）		169 隻
特殊警備救難艇	MS 型（Monitoring Boat Small、放射能調査艇）		3 隻
	GS 型（Guard Boat Small、警備艇）		2 隻
	SS 型（Surveillance Service Boat Small、監視取締艇）		62 隻

▲ PLH31 しきしま（官野貴）

しきしま

ヘリコプター2機搭載型

総トン数	6,500トン	航海速力	25ノット以上
主要寸法（全長×幅）		搭載ヘリコプター	
150.0×16.5m		スーパーピューマ 332 2機	

【概要】

船型は旧「みずほ」（現「ふそう」）と同様、全通甲板を備えた長船首楼とされている。内部構造は軍艦に準じて、抗耐性に優れたものと言われており、中央部区画の細分化や防弾にも留意されている。

竣工時の配属先は横浜海上保安部で、プルトニウム輸送の警護等を行なったが、平成30年（2018）3月に第十管区の鹿児島海上保安部に配属替えとなり、尖閣諸島周辺海域の領海警備や海外の海上警察組織との海賊対策訓練等にも参加している。

【建造経緯】

わが国の原子力政策の一環として、原子力発電所で発生した使用済み核燃料（核のごみ）をイギリスまたはフランスで委託処理し、回収プルトニウムを、ウランと混合して「混合酸化物燃料」MOX（Mixed Oxide）燃料として再利用することとなった。しかし、プルトニウム330kgで、およそ50個の原子爆弾が製造可能で、海上輸送途中に、国際テロ組織や反核集団などによる、プルトニウム略奪、輸送妨害などの事態が十分予想されたため、海上保

安庁の巡視船で輸送船の警護を行うこととなった。

プルトニウム海上輸送に当っては、当時最大級の巡視船「みずほ」をもってしても、護衛途中での燃料補給が必要で、その間の護衛が手薄になることから、長大な航続距離と強力な監視警戒能力及びテロなどからの徹底した防御手段を兼ね備えた巡視船を新たに建造することとし、ヘリコプター（スーパーピューマ332）を2機搭載した巡視船「しきしま」が平成4年（1992）4月に誕生した。

▲搭載ヘリコプター MH805「うみたか1号」（岩尾克治）

型番	船艇名	建造所	竣工年	管区	所属
PLH 31	しきしま	石播東一	H4	第十管区	鹿児島

▲ PLH32 あきつしま（花井健朗）

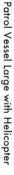

あきつしま

ヘリコプター2機搭載型

総トン数	6,500トン	航海速力	25ノット以上
主要寸法（全長×幅）		搭載ヘリコプター	
150.0×17.0m		スーパーピューマ225　2機	

【概要】

　平成22年度（2010）予算で建造され、平成24年（2012）7月、横浜の造船所において、進水した。全長150.0m、総トン数6,500トンで、「しきしま」に並ぶ海上保安庁最大級の巡視船。当初「しきしま」の準同型船として建造されたが、設計もかなり異なっており、後にそれぞれ独立した船級として扱われるようになった。主な任務は、海洋権益の保全、原子力発電所などへのテロ対策、海賊対策などである。

　構造的には区画の細分化を行うことにより、重要機器の分散配置が可能になり、船が被害を受けた場合でも、その被害を限定化することで、業務の継続を可能としている。また、約2カ月程度の無寄港連続行動が可能で、海外への派遣も多い。

　装備品は遠隔監視採証装置、停船命令等表示装置等で、航海用電子機器の性能向上が図られ、警備救難能力が向上している。搭載ヘリコプターはスーパーピューマ225型2機で、赤外線監視装置や捜索レーダーを搭載しており、夜間や広域の監視が可能になっている。

【パラオへの派遣】

　天皇（現・上皇）、皇后（現・上皇后）両陛下は、平成27年（2015）4月パラオに行幸啓された折、「あきつしま」に宿泊された。

　訪問先のペリリュー島がパラオ国際空港から離れていることに加えて、両陛下のパラオ国内での移動にヘリコプターが最適交通手段であったことから、海上保安庁では、「あきつしま」を派遣した。なお、派遣に先立ち、船内を可能な限りバリアフリーに改装した。

▲搭載ヘリコプター MH690「あきたか2号」（海上保安庁提供）

型番	船艇名	建造所	竣工年	管区	所属
PLH 32	あきつしま	JMU 磯子	H25	第三管区	横浜

▲ PLH33 れいめい（官野貴）

れいめい型

ヘリコプター 1 機搭載型

総トン数	約 6,500 トン	航海速力	25 ノット以上
主要寸法（全長 × 幅） 150×17m		搭載ヘリコプター スーパーピューマ 225 1 機	

【概要】

　巡視船「れいめい」は、平成 28 年度第2次補正予算で建造され、総トン数 6,500 トン、全長 150m、幅 17m と「しきしま」「あきつしま」に続く海上保安庁最大級の巡視船で、乗組員約 64 名。船名は夜明けや新しい時代の始まりを意味する「黎明」に由来。

　海上保安庁最大のヘリコプターである EC225 スーパーピューマ型ヘリを 1 機搭載し、ヘリと連携し広大な海域の監視や捜索救助などの海上保安業務を担う。

　前甲板に40mm機関砲、20mm多銃身機関砲2門、後部のヘリ格納庫上に 40mm 機関砲を装備する。この40mm 機関砲は、多くの巡視船に搭載実績のあるボフォース 40mm 機関砲の最新型となる Mk4 であり、船橋上部の光学センサー、同軸マウントされた砲口初速を計測するためのレーダーやガンカメラと連接し高い射撃精度を持つ。これらにより工作船などの対象船舶が備えると想定される武器の射程外から、海面や船体などへの威嚇射撃などを正確に実施可能となる。新型の遠隔監視採証装置と赤外線捜索監視装置を船橋上部及びヘリ格納庫上に備えており、高い捜索監視能力を持つ。遠隔放水

銃や停船命令等表示装置を備え、高速警備救難艇、警備艇各 2 隻を搭載している。

　船橋、ヘリ格納庫以外公開されていない船内だが、「しきしま」「あきつしま」同様に、巡視船で一般的に用いられる中央通路形式ではなく通路を両舷側に設置するなど防弾性に考慮し、浸水被害を最小限に抑えるため要所ごとに水密隔壁で区切るなど、軍艦に準じた構造が採用されていると考えられる。大きさや装備など共通するスペックが多い「しきしま」「あきつしま」との最大の違いは、搭載ヘリが 2 機ではなく 1 機であることだ。しかし、ヘリ格納庫は 1 機でなく 2 機分備えており、警備や救難などの任務に合わせて、特殊警備隊を乗せた関西空港海上保安航空基地所属機や特殊救難隊を乗せた羽田航空基地所属機を受け入れるなど、より多角的な運用が可能だと考えられる。また、外観上の違いとして「しきしま」「あきつしま」の船尾は、丸みを帯びた形状で後方に張り出したクルーザースターンであるのに対し「れいめい」は、平板状に切り落とされたトランサムスターンとなっているなど各部において異なる仕様が見られる。

　「れいめい型」2 番船「あかつき」は令和3年（2021）2月に鹿児島海上保安部に、3 番船「あさづき」は令和3年（2021）11月に石垣海上保安部に配属された。

▲ PLH34 あかつき（KUSU）

▲ PLH33「れいめい」の船橋

▲「あかつき」のヘリ格納庫で乗組員に訓示する管区本部長

▲「れいめい」の2機収納可能なヘリ格納庫

▲「あかつき」搭載のスーパーピューマ225型「あおわし」

▲「あかつき」の船橋と船首に設置された機関砲
（船内・装備の写真はすべて岩尾克治・官野貴撮影）

型番	船艇名	建造所	竣工年	管区	配属
PLH 33	れいめい	三菱長崎	R2	第十管区	鹿児島
PLH 34	あかつき	三菱長崎	R3	第十管区	鹿児島
PLH 35	あさづき	三菱下関	R3	第十一管区	石垣

みずほ

ヘリコプター2機搭載型

総トン数	6,000トン	航海速力	25ノット以上
主要寸法（全長×幅） 134×15.8m		搭載ヘリコプター	ベル412 2機

【概要】

巡視船「みずほ」は旧「みずほ」（現「ふそう」）の代替として、海上での警備救難といった普遍的な業務に加えて、尖閣諸島や小笠原諸島といった離島・遠方海域における治安及び海洋権益の確保、海難救助等に迅速かつ的確に対応するために、平成27年（2015）度補正予算で計画・建造された。

先代同名船（現「ふそう」）よりも一回り大きい総トン数約6,000トン、全長134m、幅15.8mの船体に4基のディーゼル主機を搭載し速力は25ノット以上を誇る。

40mm機関砲、20mm多銃身機関砲、遠隔放水銃、遠隔監視採証装置、赤外線捜索監視装置、停船命令等表示装置などを備え、2隻の高速警備救難艇を搭載する。搭載ヘリについては、現在のところ先代同名船に搭載されていた2機のベル412型ヘリを引き継いで搭載しているが、両機とも機齢が高いため遠からず更新が必要になるものと考えられる。40mm機関砲は、大型巡視船への搭載実績を多く持つボフォース40mm機関砲の最新型となるMk4であり、精密な射撃が可能だ。

操舵室後方には、各種通信装置、大型モニターなど

を備え、情報収集・分析、対処方針の立案・調整などに使用されるOIC室（Operation Information Center=運用司令室）室が設置されている。また、ヘリからの映像を受信する「ヘリコプターテレビ伝送装置デジタル船上受信装置（通称：ヘリテレ）」、現場海域で撮影した映像をリアルタイムで霞が関の海上保安庁などに送信可能な「衛星映像伝送システム船上型デジタル送受信装置（通称：船テレ）」などを現場指揮船に求められる能力を備え、現場海域において高い指揮能力を発揮し事案対処に当たる。

船体中央部の両舷に係留ポストが設けられ、現場海域において巡視船艇などに燃料油や清水、電力を補給可能な他船補給設備を備える。また、支援物資搭載区画を備え、物資の揚降に使用可能な多目的クレーンを装備するなど災害対応能力も強化されている。

型番	船艇名	建造所	竣工年	管区	配属
PLH41	みずほ	三菱下関	R1	第四管区	名古屋

▲ PLH42 しゅんこう（官野貴）

しゅんこう型

ヘリコプター 2 機搭載型

総トン数	6,000トン	航海速力	25 ノット以上
主要寸法〈全長 × 幅〉 140×16.5m		搭載ヘリコプター スーパーピューマ 225　2 機	

【概要】

　平成 24 年（2012）の尖閣諸島国有化を契機として増加した尖閣諸島への中国海警局に所属する船舶の領海侵入に対応するため、海上保安庁はヘリ搭載型巡視船 2 隻、大型巡視船 10 隻からなる「尖閣領海警備専従体制」を平成 28 年（2016）2 月に完成させた。しかし、外国漁船による尖閣諸島領海侵入や外国海洋調査船の活動の活発化、その他の日本周辺海域における重大事案の発生など日本周辺海域を巡る情勢は依然として厳しい状況が続いていた。そして同年 12 月に関係閣僚会議において「海上保安体制に関する方針」が決定され、「尖閣領海警備体制の強化と大規模事案の同時発生に対応できる体制の整備」の一環として 2 隻のヘリ搭載型巡視船「しゅんこう」「れいめい」が建造された。「れいめい」が「しきしま」の系譜に属し、軍艦構造を採用しているのに対し、「しゅんこう」は商船に応じた構造を採用している。

　「しゅんこう」は、最新鋭の遠隔監視採証装置や赤外線捜索監視装置、遠隔放水銃、停船命令等表示装置などを装備し、前甲板に 40mm 機関砲、20mm 多銃身機関砲、後部のヘリ格納庫上に 20mm 多銃身機関砲を搭載、全周に対し正確な射撃が可能だ。EC225 スーパーピューマ型ヘリを 2 機搭載し、乗組員は約 60 名。船名は季節を表す名称で春の光を意味する「春光」が由来する。

　スペックは、総トン数 6,000トンの「みずほ」と共通点が多いが、機関砲の搭載数、搭載ヘリの機種、搭載する主機の出力などに違いが見られる。尖閣警備体制強化、大規模事案に対応するために建造された「しゅんこう」は、速力性能、堪航性に優れ、外洋において長期間の活動が可能だ。遠隔監視採証装置は、昼夜天候を問わず広域的な動静監視や捜索活動が可能だ。遠隔放水銃は、取締対象船舶への放水規制や消火活動、油流出時の油拡散作業などで使用される。他船補給設備は、他の巡視船に燃料や水を補給可能で、長期間に及ぶ警戒任務や大規模災害への対応などで活用が期待される。

型番	船艇名	建造所	竣工年	管区	配属
PLH42	しゅんこう	三菱下関	R2	第十管区	鹿児島
PLH43	あさなぎ	三菱下関	R5（予定）		
PLH44	ゆみはり	三菱下関	R5（予定）		

やしま型

ヘリコプター2機搭載型

総トン数	5,259トン	航海速力	23ノット以上
主要寸法（全長×幅）130.0×15.5m		搭載ヘリコプター ベル412 2機（「ふそう」は搭載機無し）	

【概要】

昭和50年（1975）の国際海事機関（IMO）において、「海上捜索救難に関する国際条約」（SAR条約）が採択され、昭和54年（1979）の発効となった。これにもとづく、北太平洋海域における日米間の救難活動分担範囲について、「日本国政府とアメリカ合衆国政府との間の海上における捜索及び救助に関する協定」（日米SAR協定）が1986年に締結された。その結果、わが国の分担海域は、北緯17度以北、東経165度以西となり、わが国沿岸から1,200海里におよぶ広大な海域となった。

海上保安庁では、この新海洋秩序を維持するとともに、北太平洋における捜索救助体制を強化するため、ヘリコプター2機を搭載する大型巡視船を建造するとともに、ジェット機ファルコン900を導入し、船位通報制度を確立するなど、捜索救助体制の充実を図った。これが巡視船旧「みずほ」（現「ふそう」）と「やしま」である。

船型は船首楼甲板型で、大洋で漂泊中のスラミング軽減のため長船尾形状は丸型としている。船首部は巡視船としては初めてのバルバスバウを採用して、造波抵抗の低減を図っている。船体後部に多数の予備室を設けており、

緊急時には900名が乗船可能である。

推進方法は2基2軸2舵可変ピッチプロペラで、操縦性能向上のため、バウスラスターを装備している。船体の大型化により、ヘリコプター1機搭載型巡視船に比べて、船体動揺（特にローリング）が軽減されたことから、動揺軽減装置としては、フィンスタビライザーのみ装備して、アンチローリングタンクは設けていない。

OIC室は、操舵室、通信室と同一甲板上に隣接して配置し、床を1m高くして、四囲の視界を確保している。

「やしま」のヘリコプター格納庫は、防火構造、救命設備（救命艇救命筏）、非常電源などを強化して、改正SOLAS条約に適合している。

なお、「ふそう」は2代「みずほ」の就役により、令和元年（2019）に名古屋海上保安部から舞鶴海上保安部に配置換えとなり、現在ヘリコプターは搭載していない。

また、「やしま」は長らく横浜海上保安部最大の巡視船として運用されていたが、「あきつしま」の就役に伴い2013年10月に福岡海上保安部に配属替となった。

型番	船艇名	建造所	竣工年	管区	配属
PLH21	ふそう	三菱長崎	S61	第八管区	舞鶴
PLH22	やしま	鋼管鶴見	S63	第七管区	福岡

▲ PLH01 そうや（岩尾克治）

そうや

ヘリコプター1機搭載型

総トン数	3,100トン	航海速力	21ノット以上
主要寸法〈全長×幅〉 98.6×15.6m		搭載ヘリコプター シコルスキー76C 1機	

【概要】

昭和50年代当初、世界の主要国は、「200海里の漁業専管水域と12海里の領海幅」を宣言した。

わが国も昭和52年（1977）7月「漁業水域に関する暫定措置法」、「領海法」などの関係法令を整備して、200海里漁業水域の設定と同時に領海幅を12海里とした。

海上保安庁では、この海洋2法に対応するため、旧「宗谷」を代替建造して、「そうや」と名づけて、ヘリコプター1機を搭載し、昭和53年（1978）11月釧路海上保安部に配属した。

「そうや」は三陸沖からオホーツク海までの海域において、ソ連（ロシア）漁船などと日本漁船が交錯する広大な漁業水域の秩序維持を主任務としている。

船型は氷海航行時の砕氷を考慮して長船首楼甲板付砕氷船型とし、万一氷海に閉じ込められた場合を想定して、横断面形状を約15度の傾斜舷側としている。砕氷能力は旧「宗谷」を上回る。

推進方式は、2基2軸1舵可変ピッチプロペラで、船尾は氷海での舵を保護するため、アイスホーン付きクルーザースターン形状となっている。

また、ヘリコプター発着時の船体動揺をローリング5度、ピッチング2度以内に抑える必要があり、船体の形状・寸法を考慮し、さらに、アンチローリングタンク、引き込み式フィンスタビライザーを装備した。航空管制室は船橋に設けている。

「そうや」では、航空関係職員も船舶乗組員とした、海上保安庁初の組織体制を確立した。乗員室は個室または2人室とするなど、居住性の大幅な向上を図り長期航海に配慮し、業務面ではOIC室を船橋に隣接して備え、船隊行動時の指揮船としての機能も付与されている。

平成4年（1992）航行区域を遠洋区域（国際）に変更、両舷に1隻ずつ閉囲型救命艇を搭載した。

型番	船艇名	建造所	竣工年	管区	配属
PLH01	そうや	鋼管鶴見	S53	第一管区	釧路

▲ PLH10 だいせん（井上孝司）

つがる型

ヘリコプター1機搭載型

総トン数	3,221トン	航海速力	22ノット以上
主要寸法〈全長×幅〉105.0×15		搭載ヘリコプター シコルスキー76D	

【概要】

昭和48年（1973）に開催された「国連海洋法会議」において、海洋法条約に、排他的経済水域関連規定（第5部、第55条〜第75条）が盛り込まれた。これにより、沿岸国は自国の基線から200海里の範囲内は排他的経済水域（設定水域での水産資源と鉱物資源及び自然エネルギーの探査、開発、保全、管理を排他的に行う権利を有する）を設定することができることとなった。海上保安庁では、この新海洋秩序への対応対策の一環として、主として遠距離海域における監視取締り業務に従事することを念頭に、ヘリコプター1機を搭載したPLH型巡視船を建造することとした。

同船型は昭和52年度以降8隻建造されたが、巡視船「ざおう」建造からは、上甲板船首部のシアーを変更して凌波性をよくしている。「つがる」は、「そうや」に比べて、速力もやや増し、また、居住性能も向上している。公害測定室などを新たに増設するなど、より広範な業務に対応可能だ。

船体は耐氷構造となっており、動揺対策として、アンチローリングタンク及び固定式のフィンスタビライザーを装備している。

なお、同型の「ちくぜん」（現在の「おきなわ」）以降は、船橋を拡張して、「映像伝送システム」を搭載するとともに、OIC室などの配置を改良した。

また、同型の「せっつ」以降は船橋甲板にエンジン監視区画を設置し、「えちご」以降には高度集約操舵室システムを採用するなどの変更がなされている。

平成以前に建造されたヘリ1機搭載型巡視船は船齢が35年を超え、大規模な延命・機能向上工事が行われている。

型番	船艇名	建造所	竣工年	管区	配属
PLH02	つがる	石播東一	S54	第一管区	函館
PLH03	さがみ	三井玉野	S54	第三管区	横浜
PLH04	うるま	日立舞鶴	S55	第十一管区	那覇
PLH05	ざおう	三菱長崎	S57	第二管区	宮城
PLH06	おきなわ	川重神戸	S58	第十一管区	那覇
PLH07	せっつ	住重浦賀	S59	第五管区	神戸
PLH08	えちご	三井玉野	H2	第九管区	新潟
PLH09	りゅうきゅう	三菱長崎	H12	第十一管区	那覇
PLH10	だいせん	鋼管鶴見	H13	第八管区	舞鶴

PLH02 つがる（岩尾克治）

PLH03 さがみ（海上保安庁提供）

PLH04 うるま（海上保安庁提供）

PLH05 ざおう（小山信夫）

PLH06 おきなわ（岩尾克治）

PLH07 せっつ（岩尾克治）

PLH08 えちご（岩尾克治）

PLH09 りゅうきゅう（KUSU）

▲ PL201 みやこ（岩尾克治）

みやこ型

3,500 トン型

総トン数	3,500トン		航海速力	25ノット以上
主要寸法（全長×幅）120×14m				

【概要】

　尖閣諸島周辺海域では、平成24年（2012）の尖閣諸島国有化以降、中国公船による領海侵入が頻発、平成27年（2015）には、武装した中国海警局に所属する船舶が領海内に侵入する事案が初めて発生した。海上保安庁では、平成28年（2016）2月に、大型の巡視船12隻で構成される「尖閣領海警備専従体制」を完成させた。しかし、同年8月、尖閣諸島周辺の接続水域において、15隻の中国公船が同時に確認された。さらに同年9月以降、領海内に侵入する中国海警局に所属する船舶が、1件につき3隻から4隻に増えるなど中国側の勢力が増大した。そこで、「尖閣領海警備体制の強化と大規模事案の同時発生に対応できる体制」の整備を目的に、巡視船「みやこ」が建造されることとなった。

　約144億円かけて建造された「みやこ」は、これまで最大のPLとされてきた巡視船「いず」とほぼ同大であるが、「いず」が災害対応を重視した設計なのに対し、「みやこ」は領海警備を意識した巡視船となっている。「みやこ」は、新型の40mm機関砲を前甲板と後部に各1門備えており、射撃能力は、より大型の巡視船と比べても見劣りしない。また、こちらも新型の遠隔監視採証装置や赤外線捜索監視装置を船橋上部に備えており、優れた捜索監視能力を持つ。さらに、遠隔放水銃、高速警備救難艇2隻、複合型ゴムボート1隻を搭載しており、高い規制能力を持つ。

　現場海域において指揮所となるOIC室（Operation Information Center）のスペースが広く撮られている。ヘリ格納庫は設置されていないが、スーパーピューマが着船可能なヘリ甲板を有し、ヘリ搭載型巡視船や陸上の航空基地所属ヘリとの連携が可能だ。「みやこ」は令和4年4月、中城海上保安部から宮古海上保安部に配属替となっている。また、中国公船の勢力増加に対応すべく、2番船の「おおすみ」が令和5年（2023）4月に鹿児島海上保安部へ配属され、3番船「やえやま」も令和5年度に就役予定となっている。

型番	船艇名	建造所	竣工年	管区	配属
PL201	みやこ	三井玉野	R2	第十一管区	宮古島
PL202	おおすみ	三菱玉野	R5	第十管区	鹿児島
PL203	やえやま	JMU磯子	（R5年度予定）		

いず

3,500 トン型

総トン数	3,500トン	航海速力	20ノット以上
主要寸法（全長×幅）		110.0×15.0m	

【概要】

　平成7年（1995）1月17日未明に発生した「阪神淡路大震災」は死者6,000人以上、陸上交通網、港湾施設の損壊、ライフラインの損壊など神戸市を中心に阪神地域淡路島北部地域に甚大な被害をもたらした。「いず」は、阪神淡路大震災の教訓を活かし、大規模災害に備えて平成9年（1997）9月に初めて就役した災害対応型巡視船である。

　横浜海上保安部に配属されており、平常時は、一般の大型巡視船と同様、しょう戒業務に従事するが、大規模の海上災害が発生したときには、防災資機材、救援物資などを積載して被災地に急行する。平成12年（2000）の有珠山（北海道）および三宅島の噴火では、防災資機材、救援物資などの輸送および警戒業務に従事した。

　船橋甲板に、操船区画、OIC区画、通信区画、機関監視区画を配置して、指揮機能を高める。さらに、OICには、船舶電話、インマルサット電話、岸壁電話などを収納した無線電話系操作卓を設置している。参加各船艇、航空機などとの一元的な現場通信がおこなえる。

　会議室は、船首楼甲板に大会議室を、その上階の船橋甲板に小会議室を設けている。大会議室は、災害時において関係機関との連絡調整、報道機関への対応、緊急時の病室など多目的に使用できる。小会議室は対策本部として対応できるように、各種電話、テレビ放送、ヘリコプターからの画像などが視聴可能になっている。

　飛行甲板は、スーパーピューマの着船が可能、また、12フィートコンテナ8個の搭載が可能。前方に救難倉庫を設けてあり、非常時には事務区画としても使用できる。

　船首楼甲板に医療区画が設けられ、手術台、医療用ベッドを設備し、X線撮影装置、超音波診断装置などの機器を配置している。

　この他、超音波海中捜索装置、自航式水中テレビ装置、ヘリコプター撮影画像受信装置などを装備した。

型番	船艇名	建造所	竣工年	管区	配属
PL31	いず	川重坂出	H9	第三管区	横浜

▲ PL21 こじま（官野貴）

こじま

3,000 トン型

総トン数	2,950トン	航海速力	18ノット以上
主要寸法〈全長 × 幅〉 115.0×14.0m			

【概要】

呉海上保安部に配備されているが、練習船として、海上保安大学校に周年派遣されている。

海上保安大学校学生は、4年半の教育訓練期間の中で、通算1年間の乗船実習を行う必要があることから、「こじま」が海上保安大学校に派遣されている。

海上保安大学校では、乗船実習を通じて、学生に、船舶の運航技術に関する基礎知識の習得はもちろん、幹部海上保安官に必要な知識・技能、指揮能力などの資質を体得させている。

すなわち、学生は、乗船実習を通じて、厳しい自然の中で慣海性を養い、船舶運航に関する専門的な技術と精神力、実行力、統率力を身につける。

また、乗船実習の締め括りである、世界一周の「遠洋航海」では、学生は未知の大海原を経験し、外国の文化・風土に直接触れ、国際親善に努めるほか、豊かな国際感覚と幅広い視野を養う機会となる。

船内は、実習生60人分の居住区に加えて、VIPルームも設けてある。また、後部のヘリコプター発着甲板は、ふだんは学生の体力維持のためのトレーニング広場として活用している。船内にはトレーニングルーム区画もあり、長期間の航海で健康と体力維持を図るため、運動器具を設置している。

学生教室のほか、航海、機関、通信の各演習室もあり、全員での授業および各課授業に対応している。

船型は、先代同名船と同じ長船首楼型であるが、造波抵抗軽減のため、バルバスバウを採用している。搭載艇は、7m型高速警備救難艇、6m型作業艇を各1隻、救命設備として、開囲型救命艇2隻がある。

すでに、就役から30年が経過しており、令和2年度（2020）第3次補正予算案、令和3年度（2021）概算要求事項要求、前倒しにおいて大型練習船1隻が盛り込まれた。

型番	船艇名	建造所	竣工年	管区	配属
PL21	こじま	日立舞鶴	H5	第六管区	呉

みうら

3,000 トン型

総トン数	3,000トン	航海速力	18 ノット以上
主要寸法（全長×幅）			
115.0×14.0m			

【概要】

平成10年（1998）10月、2,000トン型の先代同名船の代替船として就役した。

巡視船「いず」に続いて海上保安庁2隻目の「災害対応型巡視船」として建造された。阪神淡路大震災のような災害にも対応できるよう、防災機能を強化して設計されている。

舞鶴海上保安部に所属しているが、通常時は海上保安学校に派遣されて、海上保安学校学生の教育・訓練船として使用されている。

海上保安大学校の練習船として建造された「こじま」をもとにして、災害対応型「いず」の機能も合わせ持っている。

3つの会議室を設け、日頃は学生公室、学生教室、特別公室として使用し、災害発生時には、関係機関との連絡調整会議室、病人収容区画、対策本部会議室として使用する。後部甲板はヘリコプター発着甲板になっており、乗船実習中は学生の訓練場として使用している。

減揺装置としてフィンスタビライザーを装備したほか、船橋後部に減揺タンクも備えている。

操舵室に操船区画、OIC区画、通信区画を配置している。操船区画には主機操縦盤、航海情報表示装置、装備救難表示装置などが設置されている。

▲釜山港に停泊中のPL22 みうら（岩尾克治）

型番	船艇名	建造所	竣工年	管区	配属
PL22	みうら	住重浦賀	H10	第八管区	舞鶴

▲ PL51 ひだ（KUSU）

ひだ型

2,000トン型（ヘリ甲板付高速高機能）

総トン数	1,800トン	航海速力	30ノット以上
主要寸法（全長×幅）95.0×12.6m			

【概要】

「ひだ」は、ヘリ甲板付高速高機能大型巡視船として、機動船隊指揮船などを期待され、平成18年（2006）に新潟海上保安部に配属された。建造経緯は次のとおりである。

昭和60年（1985）の日向灘不審船事件、平成11年（1999）の能登半島沖不審船事件を受けて、海上保安庁では、PS型巡視船、高速特殊警備船を順次整備して、不審船対策の対応体制を整えてきたが、平成13年（2001）に発生した九州南西海域工作船事件において、相手工作船から現場巡視船に対し、RPG-7対戦車擲弾発射機を使用され、さらに、自沈した工作船から、82ミリ無反動砲や携帯式防空ミサイルシステムが発見されており、相手工作船は予想以上の能力をもった武器を搭載していたことが判明した。このため、対工作船巡視船には、正確な遠距離射撃が可能な新型機銃の導入と必要な速力をもつ「高速高機能大型巡視船」の建造が求められた。

上部構造物はアルミ合金製であるが、その他の部材は高張力鋼を使用して、強度と軽量化を兼ね備えた。高速型船型を採用し、船首にブルワークを設けて堪航性、凌波性の向上を図っている。最も特徴的なのは、煙突がないことである。所定の速力を得るために、高出力の主機関を4基搭載すること、および所定のヘリ甲板スペースの確保のため、やむなく船体後方外板に排気口を設置した。

主機関は高速ディーゼル機関が4基、ウォータージェット4基を備えている。また、上空から送られる画像の受信装置（ヘリテレ装置）を装備している。

▲ PL53 きそ（井上孝司）

型番	船艇名	建造所	竣工年	管区	配属
PL51	ひだ	三菱下関	H18	第九管区	新潟
PL52	あかいし	三菱下関	H18	第十管区	鹿児島
PL53	きそ	IHI横浜	H20	第八管区	境

▲ PL43 はくさん（岩尾克治）

あそ型

1,000 トン型（高速高機能）

総トン数	770トン	航海速力	30ノット以上
主要寸法（全長×幅） 79.0×10.0m			

【概要】

　平成11年（1999）に発生した、能登半島沖不審船事件の教訓をもとに、高速特殊警備船3隻を建造した。

　本型は、不審船に対応可能な速力と装備とをもつ高速高機能型の大型巡視船として開発された、半滑走型の高速船である。

　また、平成14年度計画では、PL型「むろと」の代船として1,000トン型PLの建造が盛り込まれていたが、これを不審船対応とともに、東シナ海及び九州北方海域で外国漁船の監視や不法入国・薬物密輸の取り締まりにあたることも視野に入れて、建造されることになった。

　船殻重量を軽減するため、大型船としては世界初と言われる、総アルミニウム合金製で、推進機はウォータージェットを採用している。

　なお、2、3番船については、「高速船の安全に関する国際規則2000」が適用されたため、船橋、後部吸気室など艤装内容が一部変更されている。

　九州南西海域での工作船事案において、工作船から巡視船に対して「RPG-7対戦車擲弾発射機」が使用され、さらに自沈した工作船から「長射程武器」が見つかったことから、本船には遠距離威嚇射撃ができる40ミリ単装機関砲を搭載した。

　センサーとして、FCS（射撃指揮システム）の一部となる赤外線捜索監視装置のほか、レーダーや遠隔監視採証装置を備えている。また、船橋後部には停船命令等表示装置（電光掲示板）を装備している。

▲ PL42 でわ（岩尾克治）

型番	船艇名	建造所	竣工年	管区	配属
PL41	あそ	三菱下関	H17	第七管区	福岡
PL42	でわ	ユニバーサル	H18	第二管区	秋田
PL43	はくさん	ユニバーサル	H18	第九管区	金沢

▲ PL08 とさ（KUSU）

くだか型

1,000 トン型（ヘリ甲板付）

総トン数	1,200 トン	航海速力	20 ノット以上
主要寸法（全長×幅） 91.4×11.0m			

【概要】

中型ヘリコプター（スーパーピューマ）発着可能な甲板を有する救難強化型巡視船として建造された。ただし、ヘリコプターは通常搭載しない。

船型は長船首楼甲板型で、推進方式は2基2軸2舵、可変ピッチプロペラである。低速時および離着岸時の操船性能の向上を図るためバウスラスター、特殊操船のためのシステム操船装置を装備している。

主機関は他の 1,000 トン型巡視船と同様であるが、推進効率の改善を図るため、プロペラ直径を大きくし、回転数を抑制している。船体の拡大による推進抵抗の増加に対応している。

操舵室に隣接して、OIC 室、通信室、機関監視制御室を集中配置し、また、ヘリ甲板に隣接して救難準備室を配置し、スペース確保ため煙突を左右2本に分けている。

ヘリコプター着船時の船体動揺を軽減するため、フィンスタビライザーおよびアンチローリングタンクを装備している。

現在、各船とも「潜水指定船」として「潜水士」が乗船し、高度の知識及び技術を有する転覆、乗揚げ等

の海難救助に対応する「救難強化巡視船」に指定されており、海難救助に際してヘリコプターの燃料補給、航空基地に配属されている「機動救難士」の支援及び連携救助にも当たっている。

本船型の中で平成 23 年（2011）3 月の東北地方太平洋沖地震の津波により座礁した「しもきた」（当時「くりこま」は、相当の損傷が生じたため、「函館どつく」で約半月にわたる大修繕の後、現場復帰。その後、令和4 年（2022）に宮城海上保安部から八戸海上保安部に配属替となった。

なお「やひこ」については総トン数が 1,250 トンであることから、くだか型とは別のタイプに分類されることがある。

型番	船艇名	建造所	竣工年	管区	配属
PL03	くだか	函館どつく	H6	第十一管区	那覇
PL04	やひこ	住重浦賀	H7	第九管区	伏木
PL05	でじま	石播東一	H10	第七管区	長崎
PL06	しもきた	三井玉野	H11	第二管区	八戸
PL07	さつま	川重神戸	H11	第十管区	鹿児島
PL08	とさ	佐世保重工	H12	第五管区	高知

▲ PL69 こしき（官野貴）

はてるま型

1,000 トン型（拠点機能強化）

総トン数	1,300トン	航海速力	27ノット以上
主要寸法〈全長×幅〉 89.0×11.0m			

【概要】

尖閣諸島の領海では以前より、たびたび侵入事件が発生している。これら侵入船舶は、主に大小さまざまな中国、台湾の漁船や貨物船であった。平成24年（2012）7月には、台湾の活動家が乗船した「全家福号」が台湾海岸巡防署所属船4隻に随伴されて尖閣領海内に侵入するなど、侵入事犯が相次いだ。また、同年9月11日に日本政府が尖閣諸島の3島を国有化した後は、中国公船が常態的に尖閣諸島周辺海域に侵入することとなった。このため、海上保安庁では、常に尖閣諸島周辺海域の領海警備に当っている。

このような尖閣諸島周辺海域にあって、警備の中心的役割を担っているのが、拠点機能強化型巡視船「はてるま」型である。同型は、ヘリコプターや、小型巡視船、巡視艇への燃料などを補給する役割ももっている。

船型は長船首楼型で、船殻重量軽減のため、船質はアルミニウム合金となっており、フレーム形状は角型船型に近く、巡視艇に対する横抱き給油を容易にしている。吃水は船橋下が最も深く、船尾方向に浅くして、高速蛇行時の半滑走状態を得やすくしている。

▲ PL65 しれとこ（岩尾克治）

型番	船艇名	建造所	竣工年	管区	配属
PL61	はてるま	三井玉野	H20	第十一管区	石垣
PL62	いしがき	三井玉野	H21	第十一管区	中城
PL63	くにがみ	三井玉野	H21	第十一管区	中城
PL64	くりこま	三井玉野	H21	第二管区	宮城
PL65	しれとこ	三井玉野	H21	第一管区	小樽
PL66	しきね	三菱下関	H21	第三管区	下田
PL67	あまぎ	三井玉野	H22	第十管区	奄美
PL68	すずか	三井玉野	H22	第四管区	尾鷲
PL69	こしき	三菱下関	H22	第十管区	鹿児島

くにさき型

1,000 トン型（ヘリ甲板付）

総トン数	1,500 トン	航海速力	25 ノット以上
主要寸法〈全長 × 幅〉 96.6×11.5m			

【概要】

　200 海里時代の旧 1,000 トン型巡視船の代替え船として平成 24 年に 2 隻が就役した。海上テロや暴動鎮圧、原発等の重要施設警備などを専門とするヘリコプター発着甲板を装備した救難強化型巡視船だ。

　海上保安庁は、尖閣諸島警備強化のため尖閣領海警備専門部隊として、同型船を新たに 10 隻緊急に建造。20 ミリ機関砲、遠隔監視採証装置、停船命令表示装置を備えるなど優れた監視・規制能力を持つ。速力 25 ノット以上で時化にも強い。船質は鋼（主船体は鋼張力鋼及び軟鋼、上部構造はアルミニウム合金で）低速航行時の安定性を増すために減揺装置（フィンスタビライザー及び減揺タンク）を備えている。また、指揮機能を集約し、船橋に機関制御装置を配備するとともに、操舵室後方に OIC 室を設置している。13 番船以降は機関砲を 30 ミリに替えている。

　大和堆と原子力発電所を守る最新鋭の「つるが」「えちぜん」に加えて、令和 5 年には 21 隻目の同型巡視船「わかさ」が舞鶴に配備された。

型番	船艇名	建造所	竣工年	管区	配属
PL09	くにさき	三菱下関	H24	第七管区	門司
PL10	ぶこう	三菱下関	H24	第三管区	横浜
PL81	たけとみ	三菱下関	H26	第十一管区	石垣
PL82	なぐら	三菱下関	H26	第十一管区	石垣
PL83	かびら	三菱下関	H26	第十一管区	石垣
PL84	ざんぱ	三菱下関	H27	第十一管区	石垣
PL85	たらま	JMU 磯子	H27	第十一管区	石垣
PL86	いけま	JMU 磯子	H27	第十一管区	石垣
PL87	いらぶ	三井玉野	H27	第十一管区	石垣
PL88	とかしき	三菱下関	H28	第十一管区	石垣
PL89	えさん	三井玉野	H28	第一管区	小樽
PL90	いぜな	三菱下関	H28	第十一管区	石垣
PL11	りしり	三菱下関	H28	第一管区	稚内
PL12	あぐに	三菱下関	H28	第十一管区	石垣
PL13	もとぶ	JMU 磯子	H28	第十一管区	石垣
PL14	よなくに	三井玉野	H28	第十一管区	石垣
PL01	おき	三菱下関	H29	第八管区	境
PL02	えりも	三菱下関	H29	第一管区	釧路
PL91	つるが	JMU 磯子	R2	第八管区	敦賀
PL92	えちぜん	三井玉野	R2	第八管区	敦賀
PL93	わかさ	JMU 磯子	R5	第八管区	舞鶴

いわみ型

1,000 トン型

総トン数	1,250 トン	航海速力	21 ノット以上
主要寸法（全長×幅） 92.0×11.0m			

【概要】

　昭和 50 年代当初、海洋 2 法が成立し、領海の 12 海里への拡大と、漁業専管水域の拡大設定にともない、海上保安庁では 4 カ年計画で旧 1,000 トン型巡視船 28 隻を建造したが、「いわみ」型巡視船はその代替船として建造された。

　建造費を抑えるため、主機関は「くにさき」型とくらべ小型の低出力となっている。水線下形状は排水量型、船質は鋼で、船首にはバルバス・バウが付けられた。

　船尾甲板は広いスペースを確保するよう設計されているが、ヘリコプター支援設備はない。

　同型 5 番船からは、東日本大震災を受けて、造水装置の高能力化、多目的クレーンの追加装備もしている。

　ヘリコプター甲板を有する 1,000 トン型巡視船ではヘリコプターの離発着に支障がないようアンチローリングタンクを甲板下に設置していたが、本船型では減揺効果が大きい船橋後部甲板上に配置している。

　また本型は、大型タンカーなどの曳航を想定し、極めて強力な曳航能力を備えている。

型番	船艇名	建造所	竣工年	管区	配属
PL71	いわみ	三菱下関	H25	第八管区	浜田
PL72	れぶん	三菱下関	H26	第一管区	室蘭
PL73	きい	三井玉野	H26	第五管区	和歌山
PL74	まつしま	三井玉野	H26	第二管区	宮城
PL75	のと	三井玉野	H27	第九管区	金沢
PL76	さど	三井玉野	H27	第九管区	新潟

▲ PM13 くろせ（KUSU）

ゆうばり型

500 トン型

総トン数	325トン	航海速力	18 ノット以上
主要寸法〈全長×幅〉	67.8×7.9m		

【概要】

　本船型は昭和54年度から62年度まで14隻が建造されたが、業務、配属先などを考慮し、建造年度により改善がなされている。57年度建造船からは、船橋甲板に機関監視区域を設置、58年度計画船以降はその区画を拡張している。

　本船は新海洋秩序対策の一環として、巡視船旧「びほろ」の船型を基本として、装備の近代化と性能の向上を図っている。

　船型は平甲板型であるが、全長は旧「びほろ」型より4.4メートル長く、エントランスアングルを小さくして抵抗を減少させ。船首傾斜を大きくして凌波性の向上を図っている。

　その結果、排水量増大にもかかわらず、より高速が得られている。また、上甲板上の諸室を可能な限り上甲板下に移し、機関室通風筒を化粧煙突内に収めるなどにより、甲板作業面積の拡大と外観の整備を図った。

　一方、居住区の拡大、階段の増設、冷暖房完備とし、給湯装置、寝台の大型化などにより、居住性の向上を、また調理室内の近代化、自動操舵装置、甲板機械の操作性の改善により、諸作業の合理化を図っている。

▲ PL11 ゆうばり（官野貴）

型番	船艇名	建造所	竣工年	管区	配属
PM11	ゆうばり	臼杵鉄工所	S60	第一管区	網走
PM12	もとうら	四国ドック	S61	第一管区	稚内
PM13	くろせ	内海田熊	S61	第六管区	呉
PM14	たかとり	四国ドック	S63	第三管区	横須賀

▲ PM15 てしお（岩尾克治）

てしお

500トン型

総トン数	550トン	航海速力	14.5ノット以上
主要寸法〈全長×幅〉	55.0×10.6m		

【概要】

　根室海峡および周辺海域における領海警備、被拿捕防止指導業務に従事するほか、特に冬期結氷時期の海難救助などに従事する巡視船として計画された。

　性能面では砕氷能力を優先し、船首下部にバウストッパーを取りつけ、船尾はアイスホーン付きクルーザースターン形状となっている。氷海からの脱出を想定して横断面の形状は傾斜舷側壁としている。

　砕氷船の砕氷能力は、機関の馬力が大きく、船体が大きいほど優れているが、「てしお」は、「そうや」とは異なり、羅臼港、根室海峡など比較的推進の浅い海域での活動を可能にするため、PM型巡視船とした。

　船体は高張力鋼を採用して、重量の軽減化を図り、耐氷部分にはD級鋼を採用している。また、船体構造は、横肋骨構造を採用し、船首耐氷部分は鋼材の厚みを増している。洋上でのローリング軽減のため、ビルジキールをもっている。

　また、機関冷却用の海水の取入口には、海氷により吸入口が塞がれるのを防ぐための工夫がなされている。

▲ PM15 てしお（岩尾克治）

型番	船艇名	建造所	竣工年	管区	配置
PM15	てしお	鋼管鶴見	H7	第一管区	羅臼

▲ PM54 いよ（官野貴）

かとり型

500 トン型

総トン数	650トン	航海速力	25ノット以上
主要寸法（全長×幅） 72.0×10.0m			

【概要】

　中型巡視船の本来業務である沿岸海域での警備救難に加えて、大型巡視船の業務の肩代りができるよう設計されている。

　「戦略的海上保安体制の構築」の一環として、尖閣情勢の緊迫化など重要事案への対応としても使用できる、柔軟性、迅速性にすぐれた巡視船である。

　旧PM型巡視船（500トン型）の代替えとして、災害時においての、行方不明者の捜索、救援物資の輸送等災害対応能力を備えた巡視船として平成26年度から建造された新船型の巡視船で、船型的には、「あそ」型とほぼ同様の滑走型で、2基2軸、ウォータージェット推進で航海速力25ノット以上の高速を有している。

　PM型であるが、搭載艇は7メートル型高速警備救難艇と複合型のゴムボート2隻が搭載され、大型のクレーンが装備されている。

▲ PM57 そらち（有澤豊彦）

型番	船艇名	建造所	竣工年	管区	配属
PM51	かとり	JMU 鶴見	H28	第三管区	銚子
PM52	いしかり	JMU 鶴見	H29	第一管区	釧路
PM53	とかち	JMU 鶴見	H29	第一管区	広尾
PM54	いよ	JMU 鶴見	H29	第六管区	松山
PM55	ひたち	JMU 鶴見	H30	第三管区	鹿島
PM56	きたかみ	JMU 鶴見	H30	第二管区	釜石
PM57	そらち	JMU 鶴見	H30	第一管区	紋別
PM58	なつい	JMU 鶴見	H31	第二管区	福島
PM59	ちとせ	JMU 鶴見	R4	第一管区	留萌

▲ PM35 おきつ（花井健朗）

とから型

350トン型（高機能）

総トン数	335トン		航海速力	35ノット以上
主要寸法〈全長×幅〉				
56.0×8.5m				

【概要】

　東シナ海および九州北方海域における違法操業への対応および密航密輸への対応のため、速力、操縦性能、夜間監視能力、捕捉機能などが強化されている。

　平成11年（1999）の能登半島沖の不審船事件において、当時就役中の巡視船艇では、能力的に対応に不備があったことから、35ノット以上の速力をもち、警備機能を強化したPM型巡視船を開発建造することとした。

　国境警備の強化に加えて、不法入国、薬物取締り、密漁取締り、海難救助の強化を図る汎用型となっている。

　船体は、高速特殊警備艇、PS型巡視船をモデルにすぐれた凌波性を実現している。また、主機関は高速ディーゼルエンジンを3基搭載して、ウォータージェット推進機を駆動しており、中央のウォータージェットは固定式となっている。主電源用発電機を2基搭載している。

　中型巡視船としては初めて公称速力が30ノットを越えたことで、高速航行時の振動が増加するため、船橋は縦揺れが比較的少ない船体中央部に配されるとともに、体のホールド性に優れたハイバックシートが採用されている。

型番	船艇名	建造所	竣工年	管区	配属
PM21	とから	ユニバーサル	H15	第十管区	串木野
PM22	ふくえ	三菱下関	H15	第七管区	五島
PM23	おいらせ	三井玉野	H16	第二管区	青森
PM24	ふじ	ユニバーサル	H20	第三管区	御前崎
PM25	むろみ	ユニバーサル	H20	第七管区	福岡
PM26	きくち	ユニバーサル	H21	第七管区	門司
PM27	よしの	ユニバーサル	H21	第五管区	徳島
PM28	いすず	ユニバーサル	H21	第四管区	鳥羽
PM29	やまくに	ユニバーサル	H21	第七管区	大分
PM30	かの	ユニバーサル	H21	第三管区	下田
PM31	あぶくま	ユニバーサル	H22	第二管区	福島
PM32	みなべ	ユニバーサル	H22	第五管区	田辺
PM33	まつうら	ユニバーサル	H22	第七管区	唐津
PM34	ちくご	ユニバーサル	H22	第七管区	佐世保
PM35	はりみず	ユニバーサル	H23	第十一管区	宮古島
PM36	おきつ	ユニバーサル	H23	第三管区	清水
PM37	くなしり	ユニバーサル	H24	第一管区	根室
PM38	おおみ	ユニバーサル	H24	第七管区	仙崎
PM39	おくしり	ユニバーサル	H25	第一管区	函館
PM40	まべち	ユニバーサル	H25	第二管区	八戸

▲ PM98 ほろべつ（岩尾克治）

あまみ型

350トン型

総トン数	230トン	航海速力	25ノット以上
主要寸法（全長×幅） 56.0×7.5m			

【概要】

　密漁船、不審船の高速化に対応するとともに、現場到着の時間短縮を図るため、高速巡視船志向となった初期の巡視船で、平成3年（1991）に名瀬海上保安署（当時）所属の旧「あまみ」の代替として計画された。密漁船、領海警備対応として、PM型巡視船としては、前例のない高速化が図られている。主機関はSEMTピルスティック製V型16気筒装備。

　高速艇の設計思想を取り入れ、半滑走型。船型はV型、船尾をカットアップ、船体は高張力鋼で、上部構造物はアルミニウム合金で軽量化。船橋や居住区を船体中央部に配置して、乗組員の疲労軽減を図っている。また、高速型であることに加えて、曳航能力も備えている。

　兵装としては、当初手動式の20mm多銃身機関砲が搭載されていたが、九州南西海域工作船事件で「あまみ」（PM95）が工作船の銃撃を受けたをきっかけに、目標追尾型遠隔操縦機能を備えたものに換装された。

［九州南西海域工作船事件ファイル］
平成13年（2001）12月22日に発生した九州南西海域での工作船事件では、「あまみ」（PM95）、「きりしま」（PS04、解役）、「いなさ」（PS03、解役）の3隻の船艇で工作船を追跡し、20ミリ機関砲による威嚇射撃を敢行して、停船させたが、工作船から突然銃撃を受けた。「あまみ」船橋内に多数の被弾弾が飛び交い、「あまみ」は船体に甚大な損傷を負い、また、乗組員3名が負傷した。この事件を契機として、以降、巡視船の防弾面での船体強化を図っている。

型番	船艇名	建造所	竣工年	管区	配属
PM95	あまみ	日立神奈川	H4	第七管区	佐世保
PM97	いぶき	三菱下関	H10	第六管区	高松
PM98	ほろべつ	三菱下関	H10	第一管区	小樽

▲ PS204 かいもん（岩尾克治）

つるぎ型

高速特殊警備船

総トン数	220トン	航海速力	40ノット以上
主要寸法〈全長×幅〉 50.0×8.0m			

【概要】

　平成11年（1999）の能登半島沖不審船事案を契機に、速力40ノット以上をもつことなど、不審船対応能力を強化した「高速特殊警備船」で、日本海側または東シナ海を見すえて配置されている。

　従来の180トン型PSを踏まえ堪航性強化のため船型を多少大型化して220トン型とした。また、180トン型PSがディーゼルエンジン3基、スクリュープロペラ2軸とウォータージェット推進機1軸であるのに対し、本型ではディーゼルエンジン3基、ウォータージェット推進機3基としている。

▲ PS202 ほたか（岩尾克治）

【能登半島沖不審船事案】

　平成11年（1999）3月23日、防衛省から「能登半島沖不審船情報」を入手、巡視船艇、航空機により、不審船に対し停船命令を発したが、不審船はこれを無視して北方向け速度を上げて逃走を開始した。このため、巡視船艇と航空機は追跡しつつ威嚇射撃を試みたが、巡視船艇の燃料の搭載量の関係から、途中追跡を断念せざるをえなかった。

型番	船艇名	建造所	竣工年	管区	配属
PS201	つるぎ	日立神奈川	H13	第二管区	酒田
PS202	ほたか	三菱下関	H13	第八管区	敦賀
PS203	のりくら	三井玉野	H13	第九管区	伏木
PS204	かいもん	三井玉野	H16	第十管区	奄美
PS205	あさま	三井玉野	H16	第八管区	浜田
PS206	ほうおう	三井玉野	H17	第七管区	長崎

▲ PS06 らいざん（官野貴）

かむい型

180トン型

総トン数	195トン	航海速力	35ノット以上
主要寸法〈全長×幅〉 46.0×7.5m			

【概要】

　高速力と外洋行動能力を両立させた巡視船である。

　旧「しんざん」型より連続行動日数を延ばす目的で建造された船型で、清水・糧食の搭載量を増やし、居住性向上のため全長を3m延長し46mとした。

　主機関は4サイクル高速ディーゼルエンジンを3基搭載している。両舷にスクリュープロペラを各1軸、中央機には低速用ウォータージェット推進機1軸を装備している。

　同型船7番船「みずき」は「捕捉機能強化型」として、防弾性や装備の強化を図っている。また、「こうや」以降は、基本的にかむい型を踏襲して建造されているが、かむい型が高速ディーゼルエンジンを3基搭載し、3軸（両軸プロペラ、中央ウォータージェット推進）としているのに対し、「こうや」以降は、1基当たりの馬力を増やした高速ディーゼルエンジンを2基搭載し、ウォータージェット推進2軸としている点が異なっていることから「こうや型」として分類されることがある。

型番	船艇名	建造所	竣工年	管区	配属
PS05	かむい	日立神奈川	H6	第一管区	江差
PS06	らいざん	三菱下関	H6	第七管区	対馬
PS07	あしたか	三井玉野	H6	第三管区	横須賀
PS08	かりば	三菱下関	H7	第一管区	根室
PS09	あらせ	三菱下関	H9	第五管区	宿毛
PS10	さんべ	日立神奈川	H9	第八管区	隠岐
PS11	みずき	三井玉野	H12	第十一管区	那覇
PS12	こうや	ユニバーサル	H16	第五管区	田辺
PS13	つくば	三菱下関	H21	第三管区	銚子
PS14	あかぎ	三菱下関	H21	第三管区	茨城
PS15	びざん	三菱下関	H23	第五管区	徳島
PS16	のばる	三菱下関	H23	第十一管区	宮古島
PS17	たかちほ	三菱下関	H23	第十管区	種子島
PS18	さんれい	三菱下関	H24	第五管区	高知
PS19	あさじ	三菱下関	H24	第七管区	対馬
PS20	しんざん	三井玉野	H31	第二管区	秋田
PS21	さろま	三菱玉野	R4	第一管区	根室
PS22	きりしま	JMU鶴見	R4	第十管区	宮崎

▲ PS40 みかづき（船元康子）

しもじ型

180 トン型（規制能力強化型）

総トン数	200トン	航海速力	25ノット以上
主要寸法（全長×幅）43.0×7.8m			

【概要】

　尖閣諸島周辺海域の領海内に侵入する中国公船の増加が予想されたことから、中国公船への対応をPL型巡視船で、一方外国漁船への対応は小回りが効き迅速に対応できるPS型巡視船で行うこととした。それが本船型である。外国漁船等による不審事象、不法行為等に対して的確な対応ができるように、追跡捕捉能力、規制能力、情報伝達能力を強化した「規制能力強化型巡視船」で、平成30年度までに宮古島海上保安部に9隻配属され、尖閣漁船対応体制が完成した。

　密漁船への強行接舷を想定して船質をアルミニウム合金から高張力鋼に変更して強度を高めるとともに、接舷による船体の損傷を防ぐための防舷物を備えている。

　また、船橋から遠隔操作できる放水銃をもち、装備としては、警告表示装置、強力放水砲、複合型ゴムボートを搭載している。

　九番船までの船名は全て宮古島周辺の島、地名等に由来していたが、十番船の「みかづき」は小笠原に配属された。

▲ PS33 おおがみ（岩尾克治）

型番	船艇名	建造所	竣工年	管区	配属
PS31	しもじ	墨田川造船	H28	第十一管区	宮古島
PS32	くりま	墨田川造船	H28	第十一管区	宮古島
PS33	おおがみ	新潟造船	H29	第十一管区	宮古島
PS34	しぎら	墨田川造船	H29	第十一管区	宮古島
PS35	ともり	新潟造船	H30	第十一管区	宮古島
PS36	とぐち	新潟造船	H30	第十一管区	宮古島
PS37	ひさまつ	新潟造船	H30	第十一管区	宮古島
PS38	ながやま	新潟造船	H31	第十一管区	宮古島
PS39	まえはま	新潟造船	H31	第十一管区	宮古島
PS40	みかづき	墨田川造船	R3	第三管区	小笠原

▲ PS109 かつらぎ（KUSU）

かつらぎ

特130トン型

総トン数	115トン	航海速力	35ノット以上
主要寸法〈全長×幅〉 35.0×6.7m			

【概要】

　主として、領海警備を主眼において、機動性を重視した小型高速巡視船（公称、特130トン型）。船形はV型で、船質をアルミニウム合金とし軽量化を図っている。主機関は従来の特130トン型巡視船より高出力のものとし、また、低速航行能力確保、及び曳航などを考慮した推進方式はウォータージェット2軸としている。

　警備救難情報装置、赤外線捜索監視装置を装備している。また、事務処理能力向上のため事務室の床面積を大きく取っている。

　本船型の建造により、ウォータージェット推進装置の優秀性が認識され、これ以降、大型船にも採用される契機となった。

▲ PS109 かつらぎ（KUSU）

型番	船艇名	建造所	竣工年	管区	配属
PS109	かつらぎ	日立神奈川	H5	第五管区	大阪

▲ FL01 ひりゆう（岩尾克治）

ひりゆう

消防船

総トン数	280トン	航海速力	14ノット以上
主要寸法〈全長×幅〉 35.0×12.2m			

【概要】

　消防能力は世界最大級で、放水銃は高さ27mまで伸縮できる。総放水量は46,000ℓ/min。双胴の船体に背の高い塔を設け、その上に上下移動できる放水銃を載せている。最大放射距離は130m。全放水銃を操舵室で遠隔操作でき、20万トン以上の大型タンカーの火災にも対応可能である。消火剤としては泡原液22,000リットル、粉末消火剤約5,100kgを搭載できる。

　推進器は、旋回式可変ピッチプロペラを装備しており、これにより、船体の横移動やその場回頭が可能である。高速航行時でも旋回半径は小さい。また、派遣消火に備えて、消火栓を左右両舷に各5基整備し、さらに、浸水船の排水用として、サクション接続口を左右各2基備えている。その他、ガス検知器、探照灯、自動噴霧装置、監視カメラなどを備えている。

　外洋での堪航性能を上げるため、乾舷を高くし、シェアも大きくした。また、造波抵抗を軽減するため、船首部はバルバスバウを採用した。

　なお、双胴型の消防船は「ひりゆう」以降建造されず、消防機能強化型巡視艇（PC型）が主流となっている。

【東日本大震災　ファイル】

平成23年（2011）3月11日の東日本大震災（東北地方太平洋沖地震）の影響で東京湾では、千葉県市原市にあるコスモ石油製油所のLPGタンクが爆発炎上したため、消防船「ひりゆう」および千葉海上保安部所属消防巡視艇「あわなみ」（現在は名古屋海上保安部所属消防巡視艇「あゆづき」に改名配置換え）が、タンクの冷却放水を行った。

▲ FL01 ひりゆう（岩尾克治）

型番	船艇名	建造所	竣工年	管区	配属
FL01	ひりゆう	鋼管鶴見	H9	第三管区	横浜

▲ PC01 まつなみ（岩尾克治）

まつなみ

35メートル型

総トン数	165トン		航海速力	25ノット以上
主要寸法（全長×幅）35.0×8.0m				

【概要】

「まつなみ」は、先代同名船の老朽化に伴う代船として建造された大型巡視艇である。昭和天皇が先代同名船に乗船されて海洋生物を採集されたこともあり、「まつなみ」は迎賓艇としての品格も兼ね備えることとなった。

操舵室の後方には、控室も備えた貴賓室があり、上甲板には、30人程度の国際会議が可能な部屋もある。

平成13年（2001）3月28日、天皇皇后両陛下およびノルウェー国王夫妻が、東京発のお召し列車で、北鎌倉に行かれて、鎌倉市内などを訪問後、横須賀港から「まつなみ」に乗船帰京されている。

このように「まつなみ」は、巡視艇でありながら、海上保安庁にとって、最大かつ国際的にも通用する客船タイプの巡視艇となっている。

通常は主として船舶交通の集中する狭水道において航路しょう戒業務に従事するほか、来賓視察の際の休息所などを提供する業務に従事している。

船体はアルミニウム合金を採用して、船体重量の軽量化を図っている。

また、船型はV型であるが、幅を広くして船体の動揺軽減を図っている。

VIPを想定していることから、防音・防振を強化している。また、スムーズに離着岸できるようバウスラスターも備えている。しかし、幅広の船型であることから、減揺ボードなどの装置はない。船体の風圧面積が大きい。

▲ PC01 まつなみ（宮野 貴）

型番	船艇名	建造所	竣工年	管区	配属
PC01	まつなみ	三菱下関	H7	第三管区	東京

▲ PC14 いよなみ（岩尾克治）

はやなみ型

35メートル型

総トン数	110トン	航海速力	25ノット以上
主要寸法（全長×幅） 35.0×6.3m			

【概要】

　昭和48年（1973）7月1日、東京湾、伊勢湾、瀬戸内海など、船舶交通の集中海域に適用する、海上交通安全法が施行された。これにより、当該海域にあっては、従来の、海上衝突予防法や港則法に加えて新たな航通ルールを適用することとなり、海上保安庁では、平成4年度から航路しょう戒巡視艇を順次配備して、航法指導や違反船の監視取締りにあたることとした。

　船型はV型、船体は高張力鋼製、上部構造物はアルミニウム合金製を採用して船体の軽量化を図った。

　航路しょう戒を主任務とするため、船橋から全周に視界が効くように設計されている。

　漂泊監視中の動揺を軽減するため、アンチローリングボードを装備している。

　長期連続行動を考慮して、定員の増強、居住性の改善、業務区画の設置などにより大型化されている。

　平成8年（1996）就役船からは、従来装備の警備救難情報装置などの他、新たに、消防機能、物資輸送機能、赤外線捜索監視装置、海中捜索装置を装備している。

型番	船艇名	建造所	竣工年	管区	配属
PC11	はやなみ	墨田川造船	H5	第七管区	門司
PC12	せとぎり	墨田川造船	H6	第六管区	今治
PC13	みずなみ	石原造船所	H6	第六管区	水島
PC14	いよなみ	墨田川造船	H6	第六管区	今治
PC15	くりなみ	墨田川造船	H7	第六管区	高松
PC16	はまなみ	墨田川造船	H8	第三管区	横浜
PC17	しののめ	石原造船所	H8	第四管区	鳥羽
PC18	はるなみ	石原造船所	H8	第五管区	神戸
PC19	きよづき	墨田川造船	H8	第六管区	小豆島
PC20	あやなみ	横浜ヨット	H8	第六管区	坂出
PC21	ときなみ	横浜ヨット	H8	第七管区	宇部

▲ PC22 はまぐも（宮野貴）

はまぐも型

35 メートル型（消防機能強化）

総トン数	110トン	航海速力	24 ノット以上
主要寸法（全長 × 幅）35.0×6.3m			

【概要】

　東京湾や大阪湾など船舶集中海域における航路しょう戒などの業務に従事する最新鋭の35m型巡視艇である。

　本船型は、はやなみ型をもとに改良された船型で、消防能力（消防艇2隻で本船1隻に匹敵する）および航路しょう戒機能をあわせ持つ大型巡視艇として建造された。

　中央のマストは伸縮式放水銃を兼用しているほか、復元性を考慮して船腹を広げている。

　平成7年度補正予算で建造された災害対応機能強化型巡視艇「はやなみ」型に消防機能をさらに強化した上に阪神淡路大震災などの教訓から、災害対応能力を強化した。

　また、船尾両舷にアンチローリングボードを整備し、放水時の操船、船位保持の性能を高めるため、バウジェット（船首方向維持のための海面下海水噴射装置）が装備されている。

　放水銃は、5000ℓ/min 1基、2000ℓ/min 1基、粉末放射45kg/sec 1基を装備。これらを海面から高さ17mの放水塔に装備し、自衛噴霧装置、バウジェットなどを装備している。

▲ PC23 あゆづき（KUSU）

型番	船艇名	建造所	竣工年	管区	配属
PC22	はまぐも	墨田川造船	H11	第三管区	横浜
PC23	あゆづき	墨田川造船	H11	第四管区	名古屋
PC24	ゆふぎり	墨田川造船	H12	第七管区	大分
PC25	ともなみ	石原造船所	H12	第七管区	門司

▲ PC55 ふどう（花井健朗）

よど型

35メートル型（消防）

総トン数	125トン	航海速力	25ノット以上
主要寸法（全長×幅） 37.0×6.7m			

【概要】

　平成12年（2000）、平成13年（2001）で4隻整備し、その後東日本大震災を受けて10年ぶりに6隻が整備された。これらは、旧「ひりゅう」型消防船と旧「ぬのびき」型消防船の代替更新船で、消防機能強化型巡視艇である。ただし、通常時は一般しょう戒に従事している。

　船型は角型とし、高い放水塔を備えている。このため、復原性能の強化策を講じている。上部構造物はアルミニウム合金を使用している。放水時の操縦性能をよくするため、推進機はウォータージェットを採用、さらに、船首にはバウジェットを装備している。

　また、主機関は推進器を駆動するとともに、歯車を介して高速回転力を消防ポンプに供給している。

　ディーゼル発電機2基をもち、出入港時、消火活動時はフル運転をおこなっている。

　消防能力は、伸縮式放水塔に4,400ℓ/min、操舵室屋上に6,000ℓ/min、船首甲板に2,000ℓ/minの泡・水兼用放水銃を持ち、45kg/secの粉末放水銃、自衛噴霧装置などを備えている。

▲ PC53 りゅうおう（KUSU）

型番	船艇名	建造所	竣工年	管区	配属
PC51	よど	墨田川造船	H14	第三管区	鹿島
PC52	ことびき	墨田川造船	H15	第六管区	岩国
PC53	りゅうおう	石原造船所	H15	第六管区	水島
PC54	ぬのびき	墨田川造船	H15	第五管区	姫路
PC55	ふどう	墨田川造船	H25	第五管区	神戸
PC56	りゅうせい	墨田川造船	H25	第一管区	苫小牧
PC57	たかたき	新潟造船	H25	第三管区	千葉
PC58	あおたき	墨田川造船	H25	第四管区	四日市
PC59	なち	新潟造船	H25	第六管区	徳山
PC60	みのお	長崎造船	H25	第五管区	堺

▲ PC101 あそぎり（有澤豊彦）

あそぎり型

30メートル型

総トン数	88トン	航海速力	30ノット以上
主要寸法〈全長×幅〉	33.0×6.3m		

【概要】

　昭和45年（1970）から49年（1974）にかけて建造された旧「しきなみ」型巡視艇の代替船として建造された。

　海難救助の他、領海警備、密漁取締り、航路しょう戒、海洋汚染監視など多目的の汎用巡視艇で、PC型巡視艇としては従来のものより一回り大きい。上部構造物は2層とし、上層に操舵室を配置している。

　主機関はMTU製V型16気筒ディーゼルエンジンを搭載している。領海警備にあたる「あそぎり」「むろづき」「かがゆき」は上部構造物を白色に、船体は灰色に塗装しているが、航路しょう戒を主任務とする「うらづき」は船体も白色塗装となっている。

▲ PC103 うらづき（海上保安庁提供）

型番	船艇名	建造所	竣工年	管区	配属
PC101	あそぎり	横浜ヨット	H6	第十管区	天草
PC102	むろづき	石原造船所	H7	第五管区	串本
PC103	うらづき	石原造船所	H8	第一管区	浦河
PC104	かがゆき	墨田川造船	H9	第九管区	金沢

▲ PC127 うみぎり（小山信夫）

はやぐも型

30 メートル型

総トン数	100トン	航海速力	36ノット以上
主要寸法（全長×幅）			
32.0×6.5m			

【概要】

平成11年（1999）の「新日韓魚漁協定」の発効を受けて旧「あそぎり」型をベースに建造された。

高速化する密漁船に対応できるよう、船質をアルミニウム合金とし、軽量化を図っている。

密漁船に強行接舷することが多い艇は、両舷船首に厚い防舷材を装着することができる。

主機関は16気筒ディーゼルエンジン2基で、推進機をウォータージェットとすることで水中抵抗を減らし、36ノット以上の高速化を実現している。

型番	船艇名	建造所	竣工年	管区	配属
PC105	はやぐも	三菱下関	H11	第七管区	比田勝
PC106	むらくも	日立神奈川	H14	第七管区	福岡
PC107	いずなみ	三井玉野	H15	第三管区	下田
PC108	やえぐも	新潟造船	H20	第七管区	唐津
PC109	なつぐも	墨田川造船	H20	第七管区	対馬
PC110	あきぐも	墨田川造船	H20	第七管区	比田勝
PC111	はぎなみ	新潟造船	H21	第七管区	萩
PC112	いきぐも	墨田川造船	H21	第七管区	壱岐

型番	船艇名	建造所	竣工年	管区	配属
PC113	なつづき	墨田川造船	H21	第六管区	徳山
PC114	おきぐも	新潟造船	H21	第十一管区	名護
PC115	あわぐも	墨田川造船	H21	第十一管区	中城
PC116	しまぐも	墨田川造船	H21	第十一管区	中城
PC117	ゆきぐも	新潟造船	H23	第一管区	函館
PC118	きたぐも	新潟造船	H23	第一管区	根室
PC119	こまゆき	墨田川造船	H23	第八管区	香住
PC120	かわぎり	新潟造船	H24	第一管区	羅臼
PC121	わかづき	ユニバーサル	H24	第五管区	海南
PC122	いそなみ	墨田川造船	H26	第十管区	古仁屋
PC123	なごづき	墨田川造船	H26	第十一管区	名護
PC124	やえづき	新潟造船	H26	第十一管区	石垣
PC125	いせゆき	墨田川造船	H30	第四管区	中部
PC126	はまゆき	墨田川造船	H31	第九管区	七尾
PC127	うみぎり	墨田川造船	R1	第二管区	宮城
PC128	あさぎり	墨田川造船	R2	第八管区	福井
PC129	たかつき	墨田川造船	R5	第六管区	宇和島

▲ PC33 うらゆき（花井健朗）

ことなみ型

23 メートル型

総トン数	64トン	航海速力	25 ノット以上
主要寸法（全長 × 幅）			
27.0×5.6m			

【概要】

　平成 22 年（2010）7 月 1 日に、港則法および海上交通安全法の一部が改正され、各海上交通センターは各種船舶の位置の動静に関する情報提供にとどまらず、必要に応じて、勧告や航路外での待機指示を行うようになった。

　また、監視対象船舶も下限が引き下げられたため、航路しょう戒にあたる巡視艇の増強が必要となった。

　船体はアルミニウム合金製。操舵室は防弾仕様で全周見渡せる。船首から船尾に至るフィンが喫水線下に設置され、減揺・防振に役立っている。主機関は MTU 製。

　夜間監視装置、停船命令等表示装置、女性諸室を装備している。

型番	船艇名	建造所	竣工年	管区	配属
PC31	ことなみ	墨田川造船	H24	第六管区	高松
PC32	はたぐも	墨田川造船	H24	第三管区	横須賀
PC33	うらゆき	墨田川造船	H26	第三管区	横須賀
PC34	ゆうづき	墨田川造船	H26	第三管区	横須賀
PC35	いそづき	長崎造船	H26	第三管区	横浜
PC36	とばぎり	新潟造船	H26	第四管区	鳥羽
PC37	しまなみ	新潟造船	H26	第四管区	鳥羽
PC38	みねぐも	木曾造船	H26	第六管区	坂出
PC39	たまなみ	長崎造船	H29	第六管区	玉野
PC40	あわぎり	墨田川造船	H29	第五管区	神戸
PC41	しまぎり	墨田川造船	H30	第六管区	広島
PC42	みちなみ	墨田川造船	H30	第六管区	尾道
PC43	おきなみ	長崎造船	H30	第六管区	松山
PC44	たつぎり	長崎造船	H31	第九管区	上越
PC45	すがなみ	墨田川造船	H31	第三管区	横須賀

▲ PC41 しまぎり（官野貴）

▲ CL74 ゆらかぜ（KUSU）

ゆめかぜ型

20メートル型

総トン数	23トン	航海速力	30ノット以上
主要寸法〈全長×幅〉 20.0×4.3m			

【概要】

　港内およびその周辺海域において、港長業務、航行安全指導、犯罪調査、海難救助などの警備救難業務に従事する。港内火災などに対応するため、消防ポンプ及び放水銃を装備している。荒天時の耐航性をよくするため船体を大型化し、高出力の主機関を導入して船速を上げている。船型はV型で、船体は高張力鋼を使用。推進方式は2基2軸固定ピッチプロペラを使用している。

　本型は長期間に渡り多数が建造されているため、その時々の業務等を反映しいくつかのバリエーションがあり、各配属先の気候に応じ冷・暖房を強化した北方型、南方型があるほか、

・幅広型として、船幅を0.2m増幅し4.5mとして定員を6名に増員している
・浅海域対応型として、幅広型を元に浅海域での運用に対応して推進器をウォータージェットに変更している
・公式としての分類ではないが警備機能強化型として、主機の出力を強化するとともに防弾性を強化したもので、重量増を減量する方策として船首甲板の放水銃を廃止している

などさまざまな差異がある。

　また、航行区域として当初は制限つき沿海とされていたが、海洋法に関する国際連合条約の発効に伴い、「おいつかぜ」以降の艇では近海に変更された。（その時々の建造仕様により、沿海仕様の建造もされている。）

　最近では新型コロナウイルスの感染対策として、飛沫防止のカーテンで仕切り感染症患者を搬送できる畳1畳ほどの隔離区画を船内に設置しているCL艇なども建造されている。

型番	船艇名	建造所	竣工年	管区	配属
CL34	ゆめかぜ	石原造船所	H6	第三管区	東京
CL48	しおかぜ	横浜ヨット	H6	第三管区	川崎
CL49	あわかぜ	横浜ヨット	H6	第三管区	千葉
CL50	はまかぜ	墨田川造船	H6	第三管区	横浜
CL51	みやぎく	信貴造船所	H6	第七管区	苅田
CL52	ともかぜ	木曽造船	H6	第六管区	福山
CL53	きびかぜ	墨田川造船	H6	第六管区	水島
CL54	なちかぜ	石原造船所	H6	第六管区	徳山
CL56	はたかぜ	ニッスイマリン	H6	第七管区	門司
CL57	せきかぜ	長崎造船	H6	第七管区	大分
CL58	てるかぜ	木曽造船	H7	第二管区	福島

▲ CL115 いまかぜ（官野貴）

型番	船艇名	建造所	竣工年	管区	配属	型番	船艇名	建造所	竣工年	管区	配属
CL59	しまかぜ	横浜ヨット	H7	第二管区	石巻	CL85	はまぎく	墨田川造船	H8	第六管区	新居浜
CL61	きいかぜ	信貴造船所	H7	第五管区	和歌山	CL86	おさかぜ	ニッスイマリン	H8	第七管区	下関
CL62	いきかぜ	長崎造船	H7	第七管区	長崎	CL87	わかかぜ	信貴造船所	H8	第七管区	若松
CL63	みねかぜ	長崎造船	H7	第七管区	五島	CL88	いけかぜ	横浜ヨット	H8	第七管区	三池
CL64	とりかぜ	若松造船	H7	第八管区	鳥取	CL89	のもかぜ	長崎造船	H8	第七管区	長崎
CL65	あまかぜ	墨田川造船	H7	第八管区	宮津	CL90	ゆみかぜ	信貴造船所	H8	第七管区	伊万里
CL66	あおかぜ	墨田川造船	H7	第八管区	小浜	CL91	くまかぜ	横浜ヨット	H8	第十管区	熊本
CL67	くにかぜ	石原造船所	H7	第六管区	岩国	CL92	はるかぜ	石原造船所	H8	第四管区	名古屋
CL68	たちかぜ	石原造船所	H7	第九管区	伏木	CL93	さるびあ	石原造船所	H8	第四管区	四日市
CL69	にいかぜ	石原造船所	H7	第六管区	水島	CL94	おいつかぜ	木曽造船	H9	第六管区	宇和島
CL70	ひなぎく	石原造船所	H7	第六管区	高松	CL95	こちかぜ	石原造船所	H9	第七管区	福岡
CL71	からたち	墨田川造船	H7	第六管区	尾道	CL96	はなます	墨田川造船	H9	第一管区	留萌
CL72	きじかぜ	木曽造船	H8	第二管区	釜石	CL97	あかしあ	墨田川造船	H9	第一管区	瀬棚
CL73	はつかぜ	木曽造船	H8	第二管区	宮古	CL98	とさみずき	信貴造船所	H9	第五管区	高知
CL74	ゆらかぜ	信貴造船所	H8	第八管区	舞鶴	CL99	もくれん	石原造船所	H9	第七管区	若松
CL75	むつぎく	長崎造船	H8	第二管区	八戸	CL100	さちかぜ	ニッスイマリン	H9	第七管区	佐伯
CL76	きたかぜ	長崎造船	H8	第一管区	稚内	CL101	おぎかぜ	横浜ヨット	H9	第九管区	能登
CL77	むつかぜ	墨田川造船	H8	第二管区	八戸	CL102	なつかぜ	長崎造船	H9	第十管区	八代
CL78	とねかぜ	長崎造船	H8	第三管区	銚子	CL103	さわかぜ	墨田川造船	H11	第二管区	青森
CL79	しずかぜ	ニッスイマリン	H8	第五管区	西宮	CL104	べにばな	墨田川造船	H11	第二管区	酒田
CL80	はつぎく	信貴造船所	H8	第二管区	千葉	CL105	やまざくら	横浜ヨット	H11	第七管区	若松
CL81	ゆきかぜ	横浜ヨット	H8	第一管区	花咲	CL106	かいどう	横浜ヨット	H11	第七管区	平戸
CL82	なかかぜ	横浜ヨット	H8	第三管区	茨城	CL107	さざんか	横浜ヨット	H11	第七管区	仙崎
CL83	かわかぜ	木曽造船	H8	第六管区	呉	CL108	あおい	ニッスイマリン	H11	第八管区	舞鶴
CL84	きよかぜ	石原造船所	H8	第七管区	門司	CL109	のげかぜ	墨田川造船	H11	第三管区	横浜

▲ CL130 くりかぜ（花井健朗）

型番	船艇名	建造所	竣工年	管区	配属
CL110	やえざくら	木曽造船	H11	第八管区	境
CL111	やなかぜ	石原造船所	H11	第八管区	浜田
CL112	ゆきつばき	墨田川造船	H11	第九管区	新潟
CL113	さぎかぜ	石原造船所	H11	第五管区	姫路
CL114	げっとう	石原造船所	H12	第十一管区	那覇
CL115	いまかぜ	長崎造船	H13	第六管区	今治
CL116	みえかぜ	信貴造船所	H13	第四管区	尾鷲
CL117	とさつばき	石原造船所	H13	第五管区	土佐清水
CL118	かつかぜ	横浜ヨット	H13	第三管区	勝浦
CL119	さつき	ニッスイマリン	H13	第十管区	宮崎
CL120	やぐるま	墨田川造船	H14	第一管区	小樽
CL121	むろかぜ	石原造船所	H14	第五管区	田辺
CL122	ふよう	信貴造船所	H14	第七管区	福岡
CL123	つばき	木曽造船	H14	第七管区	佐世保
CL124	ひごかぜ	石原造船所	H14	第十管区	熊本
CL125	しらはぎ	墨田川造船	H14	第二管区	宮城
CL126	あしび	石原造船所	H14	第五管区	美波
CL127	すいれん	石原造船所	H14	第七管区	三池
CL128	こうばい	長崎造船	H14	第七管区	長崎
CL129	やまゆり	墨田川造船	H14	第三管区	横浜
CL130	くりかぜ	墨田川造船	H14	第三管区	横須賀
CL131	そらかぜ	横浜ヨット	H14	第五管区	関西空港
CL132	むらかぜ	ニッスイマリン	H14	第七管区	佐世保
CL133	あいかぜ	ニッスイマリン	H14	第七管区	佐世保
CL134	あやめ	墨田川造船	H14	第五管区	岸和田

型番	船艇名	建造所	竣工年	管区	配属
CL135	いそぎく	墨田川造船	H19	第三管区	東京
CL136	やまぶき	墨田川造船	H19	第三管区	東京
CL137	みおかぜ	長崎造船	H19	第五管区	大阪
CL138	こまかぜ	長崎造船	H19	第五管区	大阪
CL139	ときくさ	墨田川造船	H19	第九管区	佐渡
CL140	ひだかぜ	墨田川造船	H19	第四管区	名古屋
CL141	しらぎく	墨田川造船	H19	第五管区	神戸
CL142	ひめざくら	木曽造船	H19	第五管区	姫路
CL143	すずかぜ	墨田川造船	H20	第一管区	小樽
CL144	すぎかぜ	長崎造船	H20	第二管区	秋田
CL145	さとざくら	長崎造船	H20	第七管区	門司
CL146	ひこかぜ	木曽造船	H20	第七管区	下関
CL147	すいせん	長崎造船	H20	第八管区	敦賀
CL148	みほぎく	長崎造船	H20	第八管区	境
CL149	こしかぜ	木曽造船	H20	第九管区	新潟
CL150	わしかぜ	三保造船所	H20	第九管区	金沢
CL151	るりかぜ	墨田川造船	H21	第十管区	串木野
CL152	うけゆり	墨田川造船	H21	第十管区	指宿
CL153	でいご	墨田川造船	H21	第十一管区	那覇
CL154	あだん	墨田川造船	H21	第十一管区	石垣
CL155	ゆうな	墨田川造船	H21	第十一管区	中城
CL156	しろかぜ	長崎造船	H21	第十管区	日向
CL157	ほこかぜ	木曽造船	H21	第十管区	日向
CL158	さくらかぜ	長崎造船	H21	第十管区	喜入
CL159	みほかぜ	墨田川造船	H21	第三管区	清水

▲ CL203 いせかぜ（船元康子）

型番	船艇名	建造所	竣工年	管区	配属
CL160	いせぎく	三保造船所	H21	第四管区	四日市
CL161	くれかぜ	木曽造船	H21	第六管区	呉
CL162	いよざくら	木曽造船	H21	第六管区	松山
CL163	まつかぜ	墨田川造船	H21	第七管区	唐津
CL164	たまかぜ	墨田川造船	H22	第三管区	川崎
CL165	てるぎく	長崎造船	H22	第五管区	大阪
CL166	こざくら	長崎造船	H23	第一管区	室蘭
CL167	えぞかぜ	長崎造船	H23	第一管区	室蘭
CL168	やまぎく	木曽造船	H23	第七管区	宇部
CL169	ことざくら	墨田川造船	H23	第七管区	佐世保
CL170	すずらん	墨田川造船	H23	第一管区	函館
CL171	ちよかぜ	墨田川造船	H23	第一管区	室蘭
CL01	さつかぜ	墨田川造船	H28	第十管区	鹿児島
CL02	りんどう	墨田川造船	H28	第十管区	志布志
CL03	なだかぜ	木曽造船	H29	第五管区	神戸
CL04	ことかぜ	木曽造船	H29	第六管区	坂出
CL172	あさかぜ	長崎造船	H30	第一管区	釧路
CL173	うきかぜ	木曽造船	H30	第六管区	尾道
CL174	みやかぜ	墨田川造船	H30	第四管区	名古屋
CL175	ひばかぜ	墨田川造船	H31	第二管区	青森
CL176	さのゆり	木曽造船	H31	第五管区	関西空港
CL177	ふじかぜ	墨田川造船	H31	第三管区	清水
CL178	たかかぜ	長崎造船	H31	第七管区	若松
CL179	ふさかぜ	木曽造船	H30	第三管区	館山
CL180	うずかぜ	木曽造船	H31	第五管区	徳島

型番	船艇名	建造所	竣工年	管区	配属
CL181	きぬかぜ	長崎造船	H30	第四管区	衣浦
CL182	とまかぜ	墨田川造船	R2	第一管区	苫小牧
CL183	ゆりかぜ	長崎造船	R2	第三管区	東京
CL184	うめかぜ	長崎造船	R2	第三管区	鹿島
CL185	あきかぜ	木曽造船	R2	第六管区	広島
CL186	もじかぜ	長崎造船	R2	第七管区	門司
CL187	まやかぜ	本瓦造船	R2	第五管区	加古川
CL188	せとかぜ	木曽造船	R2	第六管区	玉野
CL189	ぶんごうめ	墨田川造船	R3	第七管区	大分
CL190	くがかぜ	墨田川造船	R3	第六管区	柳井
CL191	はすかぜ	木曽造船	R3	第三管区	千葉
CL192	きみかぜ	木曽造船	R3	第三管区	木更津
CL193	ひめかぜ	長崎造船	R3	第四管区	三河
CL194	しぎかぜ	本瓦造船	R3	第五管区	堺
CL195	にじかぜ	木曽造船	R3	第六管区	徳山
CL196	きりかぜ	木曽造船	R4	第三管区	横浜
CL197	うみかぜ	木曽造船	R4	第三管区	湘南
CL198	ひろかぜ	長崎造船	R4	第六管区	広島
CL199	とよかぜ	長崎造船	R4	第七管区	津久見
CL200	はかぜ	墨田川造船	R4	第三管区	横須賀
CL201	ひめぎく	墨田川造船	R4	第五管区	姫路
CL202	あしかぜ	本瓦造船	R4	第六管区	福山
CL203	いせかぜ	墨田川造船	R4	第四管区	鳥羽
CL204	ささかぜ	墨田川造船	R5	第二管区	気仙沼
CL205	なるかぜ	長崎造船	R5	第七管区	五島

▲ CL05 しらうめ（井上孝司）

しらうめ型

20 メートル型

総トン数	26トン	航海速力	28ノット以上
主要寸法（全長×幅）高張力 20×4.5m			

【概要】

　平成 11 年（1999）3 月に灯台見回り船旧「ひめひかり」として建造され、高松海上保安部に配属されたが、当該業務の民間委託に伴い、平成 20 年（2008）に巡視艇に転用した。

　転用にあたって、船番と船名を変更したものの、船体改造などはない。

　元々、灯台見回り作業の能率向上を図るため、高速化されており、船型、主機関とも、20 メートル型巡視艇と同仕様で、消防能力も備えている。

▲ CL09 とびうめ（官野貴）

型番	船艇名	建造所	竣工年	管区	配属
CL05	しらうめ	長崎造船	H11	第三管区	千葉
CL06	まやざくら	長崎造船	H11	第五管区	神戸
CL07	はやぎく	墨田川造船	H12	第七管区	門司
CL08	よどぎく	木曽造船	H13	第五管区	大阪
CL09	とびうめ	石原造船所	H14	第七管区	福岡

▲ CL11 はやかぜ（船元康子）

はやかぜ型

18 メートル型

総トン数	19トン	航海速力	25ノット以上
主要寸法（全長×幅）			
18.0×4.3m			

【概要】

　18メートル型巡視艇であり、基本的には20メートル型巡視艇の全長を縮めて総トン数を20トン未満に抑えたタイプである。海上保安庁では、20メートル型巡視艇を主力CLとして建造しているが、その総トン数は20トンを超えている。操船上、海技士の資格が必要であるが、20総トン未満であれば小型船舶の操縦免許で操船可能となり、運用の幅が大きく拡大する。今後は配属地の特性などを勘案して20メートル型と本型の整備が進められるものと思われる。20メートル型巡視艇と同様、拡声器やサーチライト、暗視装置、小型汎用クレーン、停船命令等表示装置といった艤装品は、本型でも備えられている。

▲ CL13 しゃちかぜ（船元康子）

型番	船艇名	建造所	竣工年	管区	配属
CL11	はやかぜ	墨田川造船	R4	第三管区	東京
CL12	おとつばき	墨田川造船	R4	第六管区	呉
CL13	しゃちかぜ	墨田川造船	R5	第四管区	名古屋
CL14	きくかぜ	墨田川造船	R5	第五管区	神戸

きぬがさ型

調査艇

総トン数	26トン	航海速力	25ノット以上
主要寸法（全長 × 幅）			
19.6×4.5m			

【概要】

本船型は、20メートル型巡視艇（ひめぎく型）を基本とし、甲板後部に観測室を配置した。

放射能測定装置、自動採水装置、採泥装置を装備している。

また、操舵室の上部船橋には夜間監視装置を、操舵室両舷には停船命令などの表示装置を装備している。

▲ MS01 きぬがさ（官野貴）

型番	船艇名	建造所	竣工年	管区	配属
MS01	きぬがさ	木曽造船	H25	第三管区	横須賀
MS02	さいかい	木曽造船	H27	第七管区	佐世保
MS03	かつれん	木曽造船	H29	第十一管区	中城

はやて

警備艇

総トン数	―	航海速力	―
主要寸法（全長 × 幅）			
		（非公開）	

【概要】

平成17年（2005）、上越海上保安署、監視取締艇「さじたりうす」として建造配属されたが、平成21年（2009）、警備艇「はやて」と用途、船名ともに変更して、関西空港海上保安航空基地に配属替えとなった。

▲ GS01 はやて（KUSU）

型番	船艇名	建造所	竣工年	管区	配属
GS01	はやて	―	H17	第五管区	関西空港

らいでん

警備艇

総トン数　約5.6トン	航海速力　30ノット以上
主要寸法〈全長×幅〉 約10.0×3.0m	

【概要】

　関西新国際空港の建設に伴い、現場警備用として建造された GS02 旧「いなずま」の代替艇として平成31年2月に就役した警備艇。

▲ GS02 らいでん（KUSU）

型番	船艇名	建造所	竣工年	管区	配属
GS02	らいでん	ヤマハ	H31	第五管区	関西空港

ぷれあです型

監視取締艇

総トン数　6トン	航海速力　30ノット以上
主要寸法〈全長×幅〉 10.4×3.2m	

【概要】

　「ぷれあです」型は各先代同名船の代替艇として平成29年（2017）から就役した監視取締艇。

　基地周辺海域において、海洋レジャーに対する安全指導、プレジャーボートの海難救助、密猟事犯、海洋汚染事犯など多目的な業務に従事する。

▲ SS22 ありえす（官野貴）

型番	船艇名	建造所	竣工年	管区	配属
SS31	ぷれあです	ヤマハ	H29	第六管区	新居浜
SS32	ぽらりす	ヤマハ	H29	第三管区	下田
SS33	すばる	ヤマハ	H29	第二管区	福島
SS34	れいら	ヤマハ	H29	第三管区	御前崎
SS35	ぽるっくす	ヤマハ	H29	第七管区	宇部
SS21	りぷら	ヤマハ	H30	第四管区	尾鷲
SS22	ありえす	ヤマハ	H30	第六管区	広島

型番	船艇名	建造所	竣工年	管区	配属
SS23	あくありうす	ヤマハ	H30	第五管区	大阪
SS24	しいがる	ヤマハ	H30	第三管区	横須賀
SS25	ひどら	ヤマハ	R2	第六管区	徳山
SS26	れぷす	ヤマハ	R2	第六管区	水島
SS27	りげる	ヤマハ	R2	第三管区	川崎
SS28	かすとる	ヤマハ	R2	第五管区	神戸

あくえりあす型

監視取締艇

総トン数　2トン	航海速力　30ノット以上
主要寸法〈全長×幅〉 7.9×2.8m	

【概要】

　他の監視取締艇が全てヤマハ艇であるのに対して、「ぽおらすたあ型」はヤンマー艇である。

　基地周辺海域において、海洋レジャーの安全指導、プレジャーボートの海難救助、密猟事犯、海洋汚染事犯など多目的な業務に従事する。

▲ SS39 あくえりあす（KUSU）

型番	船艇名	建造所	竣工年	管区	配属
SS39	あくえりあす	ヤンマー	H8	第四管区	鳥羽
SS41	りべら	ヤンマー	H8	第六管区	今治
SS43	ありおす	ヤンマー	H8	第六管区	玉野

型番	船艇名	建造所	竣工年	管区	配属
SS44	とりとん	ヤンマー	H8	第五管区	堺
SS45	ぱるさあ	ヤンマー	H8	第十管区	古仁屋

りんくす型

監視取締艇

総トン数　5トン	航海速力　50ノット以上
主要寸法〈全長×幅〉 10.0×2.8m	

【概要】

　平成11年度に対馬海上保安部に2隻就役し、領海警備、密猟事犯などの業務に従事している。

　2隻とも対馬に配属され、悪質な高速密漁船を追尾捕捉するため、50ノット以上の速力を有する。

▲ SS65 りんくす（官野貴）

型番	船艇名	建造所	竣工年	管区	配属
SS65	りんくす	ヤマハ	H11	第七管区	対馬
SS66	たうらす	ヤマハ	H11	第七管区	比田勝

かぺら型

監視取締艇

総トン数	5トン	航海速力	30ノット以上
主要寸法〈全長×幅〉 9.9×2.8m			

【概要】

　基地周辺海域において、海洋レジャーの安全指導、プレジャーボートの海難救助、密猟事犯、海洋汚染事犯など多目的な業務に従事する。

　全長9.9メートルと大きくなって、主機関も2基装備し、30ノットの高速航行が可能である。

▲ SS71 けんたうるす（KUSU）

型番	船艇名	建造所	竣工年	管区	配属
SS59	かぺら	ヤマハ	H8	第三管区	東京
SS60	さあぺんす	ヤマハ	H8	第四管区	名古屋
SS63	べが	ヤマハ	H10	第六管区	岩国
SS64	すぴか	ヤマハ	H11	第三管区	千葉
SS67	れお	ヤマハ	H12	第三管区	横浜
SS68	でねぶ	ヤマハ	H13	第六管区	松山
SS69	さざんくろす	ヤンマー	H14	第三管区	小笠原
SS70	べるせうす	ヤンマー	H15	第二管区	石巻
SS71	けんたうるす	ヤンマー	H15	第六管区	宇和島

型番	船艇名	建造所	竣工年	管区	配属
SS72	へらくれす	ヤンマー	H15	第十管区	熊本
SS73	あんどろめだ	ヤンマー	H16	第六管区	呉
SS74	あるでばらん	ヤンマー	H17	第五管区	海南
SS75	ていだ	ヤンマー	H20	第十一管区	中城
SS76	むりぶし	ヤンマー	H20	第十一管区	中城
SS77	あるたいる	ヤンマー	H20	第十一管区	中城
SS78	こめっと	ヤンマー	H22	第六管区	尾道
SS79	べてるぎうす	ヤンマー	H22	第四管区	四日市

あんたれす

監視取締艇

総トン数	10トン	航海速力	28ノット以上
主要寸法〈全長×幅〉 13.2×3.5m			

【概要】

　基地周辺海域において、海洋レジャーの安全指導、プレジャーボートの海難救助、密漁事犯、海洋汚染事犯など多目的な業務に従事する。

　長さ10m、トン数10トンを超え、監視取締艇として最大の艇である。

▲ SS06 あんたれす（海上保安庁提供）

型番	船艇名	建造所	竣工年	管区	配属
SS06	あんたれす	三信船舶	R3	第十一管区	石垣

しぐなす型

監視取締艇

総トン数	5トン	航海速力	28ノット以上
主要寸法（全長×幅）10.0×3.2m			

【概要】

　基地周辺海域において、海洋レジャーの安全指導、プレジャーボートの海難救助、
　密漁事犯、海洋汚染事犯など多目的な業務に従事する。

▲ SS05 とびうお（有澤豊彦）

型番	船艇名	建造所	竣工年	管区	配属
SS01	しぐなす	ヤマハ	R4	第一管区	室蘭
SS02	ぴいなす	ヤマハ	R4	第七管区	大分
SS03	おりおん	ヤマハ	R4	第十一管区	名護
SS04	たいたん	ヤマハ	R4	第十管区	指宿
SS05	とびうお	ヤマハ	R4	第十管区	種子島

すこおぴお

監視取締艇

総トン数	3トン	航海速力	28ノット以上
主要寸法（全長×幅）10.0×2.5m			

【概要】

　基地周辺海域において、海洋レジャーの安全指導、プレジャーボートの海難救助、密漁事犯、
海洋汚染事犯など多目的な業務に従事する。

▲ SS07 すこおぴお（有澤豊彦）

型番	船艇名	建造所	竣工年	管区	配属
SS07	すこおぴお	ヤンマー	R4	第五管区	姫路

教育業務用船

　巡視船などの搭載艇をはじめ、20トン未満の海上保安庁船舶を運航するためには、1〜4級小型船舶操縦士の免許が必要であり、海上保安学校において、職員の資格取得のための教育を行っている。教育業務用船はそのための教育を行う船舶である。

あおば

教育用実習艇

総トン数	15トン	航海速力	22ノット以上
主要寸法〈全長×幅〉16.0×4.1×m			

▲あおば（岩尾克治）

型番	船艇名	建造所	竣工年	管区	配属
A	あおば	ヤマハ	H8	第八管区	舞鶴

CI型

教育用実習艇

総トン数	1.5トン	航海速力	27ノット以上
主要寸法〈全長×幅〉5.4×2.1×m			

▲CI（前）、CII（後）（岩尾克治）

型番	船艇名	建造所	竣工年	管区	配属
CI	ヤマハ	H11	第八管区	舞鶴	
CII	ヤマハ	H12	第八管区	舞鶴	

海洋情報業務用船
Hydrographic Survey Vessels

測量船	HL型（Hydrographic survey vessel Large)	7隻
	HS型（Hydrographic survey vessel Small)	8隻
灯台見回り船	LM型（Lighthouse service vessel Medium)	3隻
	LS型（Lighthouse service vessel Small)	3隻

Lighthouse Service Vessels
航路標識業務用船

▲ HL11 平洋 （有澤豊彦）

平洋型

大型測量船

総トン数	4,000 トン	航海速力	17 ノット以上
主要寸法〈全長 × 幅〉103×16.8m			

【概要】

「平洋」は、平成 28 年（2016）12 月の関係閣僚会議において決定された「海上保安強化体制強化に関する方針」に基づき、海洋調査体制強化の一環として建造された。大型測量船の就役は「昭洋」以来約 20 年ぶりで、海上保安庁最大の測量船となる。

本船の船型は従来の大型測量船と同様であるが、調査の作業効率を向上させるため、船尾作業甲板を拡大している。このため船首楼の短縮に伴う浮力の低下を補うため 2 層船楼型を採用している。

また、本船は電気推進と、舵、スクリューが一体となったアジマススラスターの採用により、測量船に求められる「低速航行能力」「防振・防音性能」「定点保持能力」を高いレベルで実現している。「電気推進」は、ディーゼルエンジンで発電機を回し、その電力により推進装置を駆動するもので、長時間低速で航行してもエンジンへの負荷が少ない上、観測データに悪影響を与える船体の振動や騒音を低く抑えることが可能だ。

また本船は、最大約 11,000mの計測が可能な「マルチビーム測深機」、プログラミングされたルートに沿って海底近くまで潜航し、精密な海底地形データを取得する「自律型潜水調査機器（AUV：Autonomous Underwater Vehicle）」、海底火山など立ち入りが難しい海域において、事前に設定したルートを無人航行し、マルチビーム測深機により海底地形データを取得する「自律型高機能観測装置（ASV：Autonomous Surface Vehicle）」、船上からの沿革操作で海底の撮影を行う「遠隔操作水中機器（ROV：Remotely operated vehicle）」など、最新の高性能調査機器を搭載している。これらの最新機器で取得したデータは海底地形図の制作などに活用される。

また、2 番船「光洋」は、大型測量船「拓洋」に搭載されていた無人航行可能な小型測量艇の「じんべい」を搭載することとなった。

型番	船艇名	建造所	竣工年	所属
HL 11	平洋	三菱下関	R2	本庁海洋情報部
HL 12	光洋	三菱下関	R3	本庁海洋情報部

▲ HL12 光洋（KUSU）

▲操舵装置やレーダーのコンソールが機能的にまとめられた船橋

▲船橋後部の機器観測室

▲自律型高機能観測装置（ASV）

▲アジマススラスター電動推進器操作装置

（海上保安庁提供）

▲光洋に搭載された測量船「じんべい」（HS11）

（船内・装備の写真は岩尾克治・官野貴撮影）

型番	船艇名	建造所	竣工年	配属
HS11	じんべい	瀬戸内	H14	本庁海洋情報部

▲ HL01 昭洋（海上保安庁提供）

昭洋

大型測量船

総トン数	3,000トン	航海速力	17ノット以上
主要寸法〈全長×幅〉 98.0×15.2m			

【概要】

昭和49年（1974）の国連海洋法会議第2会期において、排他的経済水域の概念が参加国間でほぼ同意を得て、海洋法条約第5部（第55条から第75条）に同制度に関する規定が盛り込まれた。日本は、海洋資源活用の観点から、領海3海里を主張していたが、世界のすう勢を受けて、昭和52年（1977）に領海を12海里とし、200海里の漁業専管水域を設定した。これに対応するため、大陸棚、および沿岸の海の基本図測量と西太平洋国際協同調査のため、先代同名船が誕生した。

その後、老朽化が著しい先代同名船に代えて、わが国主権範囲の画定に資する調査、地震予知、火山噴火予知に資する調査および地球環境問題や海洋汚染防止に資する調査に対応するため、平成8年（1996）に建造されたのが本船であり、船型は長船首楼付の平甲板型とされている。

国連海洋法条約にもとづく、大陸棚の確定に必要な基礎資料を得るために、周辺海域の海底地形、地質構造、地磁力などの測定を実施するためのものである。この他、地震予知、火山噴火予知、海洋環境調査などにも対応可能な測量機器、測定機器を備えている。

これらデータの測定時に、エンジン運転による船体の振動、騒音が誤差を招くおそれがあるため、海上保安庁にとって初の統合電気推進を採用した。主機関で発電機を駆動し、その電力を電動モーターに伝えて、固定ピッチプロペラを駆動する。と同時に、船内電源、測定機器電源をまかなうものである。

主発電機の原動機は　三井造船のV型6気筒4サイクルエンジンであるが、これは、国家プロジェクトとして三井造船、川崎重工、日立造船の3社が共同開発したものである。このように測量船「昭洋」には最新鋭の技術がいたるところに利用されており、竣工年には「シップオブザイヤー98」の栄誉に輝いている。

大洋の海底地形のみならず、沿岸域の測量のための搭載艇、無線操縦艇「マンボウ」を備え、海底火山の噴火調査用機器も備えている。

型番	船艇名	建造所	竣工年	管区	配属
HL01	昭洋	三井玉野	H10		本庁海洋情報部

▲ HL02 拓洋（海上保安庁提供）

拓洋

大型測量船

総トン数	2,400トン	航海速力	17ノット以上
主要寸法（全長×幅）96.0×14.2m			

【概要】

海洋測量、地震予知測量、沿岸調査、潮流観測、海洋測地などの平常時の計画的な調査に加えて、緊急時の調査も安全かつ迅速に実施することを考慮して、建造された。

旧「昭洋」をタイプシップとする大型測量船で新海洋秩序対策として建造された。防音・防振に特に配慮されている。

海底地質調査のため、マルチチャンネル反射法探査装置を装備している。

また、平成24年（2012）〜25年（2013）にかけて、AUV（無人探査機、愛称「ごんどう」）の搭載を主目的として大規模な改修工事が行われた。

長船首楼付き船体で、上甲板上を3室とした。また、造波抵抗抑制のため、バルバスバウを設け、動揺軽減のためのアンチローリングタンクを装備している。さらに、操縦性能の向上のため、バウスラスターを装備している。バウスラスターには航走時の泡や水中雑音低減のため、開閉式の扉装置が設けられている。

▲「拓洋」に搭載されているAUV（無人探査機）「ごんどう」
（官野貴）

型番	船艇名	建造所	竣工年	管区	配属
HL02	拓洋	日鋼鶴見	S58		本庁海洋情報部

▲ HL05 海洋（KUSU）

明洋

中型測量船

総トン数	550トン	航海速力	15ノット以上
主要寸法〈全長 × 幅〉 60.0×10.5m			

【概要】

　昭和60年度計画で建造された「天洋」（HL04）の発展形として設計された船型。

　海洋測量、地震予知測量、沿岸調査、海流観測、潮流観測、海洋測地および緊急時調査を長期間、安全かつ効率的に実施することを考慮して建造された。浅所、狭小箇所の測量などのため、10メートル型測量艇1隻を搭載している。

　船型は、船首楼を船体中央部まで延長した長船首楼型となっている。

　甲板室を一層増やして上甲板上3層としている。これにより「天洋」では後部下甲板に配置されていた乗員室などが船首楼内に収容され、居住区が船前部に集中配置されるようになった。

　造波抵抗軽減のため、大型のバルバスバウを装備しているほか、測量時の動揺軽減のため、アンチローリングタンクを装備している。

▲ HL03 明洋（海上保安庁提供）

型番	船艇名	建造所	竣工年	管区	配属
HL03	明洋	川重神戸	H2		本庁海洋情報部
HL05	海洋	三菱下関	H5		本庁海洋情報部

▲ HL04 天洋（有澤豊彦）

天洋

中型測量船

総トン数	430トン	航海速力	13ノット以上
主要寸法〈全長×幅〉 56.0×9.8m			

【概要】

　中型測量船として、主に沿岸域における水深、海底地形、潮流調査などに従事している。近年、海洋レジャー活動の活発化や栽培漁業の拡大化に伴い、総合的な沿岸域の調査が必要になってきたことから、それまでの小型測量船に替えて、昭和60年度計画により一気に中型測量船への代替建造となった。これが「天洋」である。

　中型測量船は、主として沿岸域における水深、海底地形、潮流などの調査を実施しているが、地震・津波による被災などの状況、および漂流物捜索に必要な漂流予測の確立など、測量船による調査測量データの収集分析が急がれている。

　本船は、港湾および沿岸海域における測量データの収集を念頭に設計されている。

　船型は船首楼付き平甲板型とし、推進方式は2基2軸可変ピッチプロペラとしている。アンチローリングタンクを装備している。

　船橋近くに観測室を設け、隣接して準備室を配置している。後部上甲板は観測作業がしやすいよう、広いスペースを確保している。

▲ 天洋の搭載艇（海上保安庁提供）

型番	船艇名	建造所	竣工年	管区	配属
HL04	天洋	住重浦賀	S61		本庁海洋情報部

▲ HS31 はましお（有澤豊彦）

はましお

測量船　27メートル型

総トン数　　　62トン	航海速力　17 ノット以上
主要寸法〈全長×幅〉 27.8×5.6m	

【概要】

　「はましお」は、20 メートル型測量艇先代同名船の代替えとして、平成 28 年度予算で建造が認められた HS としては最大の 27 メートル型で、平成 30 年 3 月に就役した。

　本船は、茨城県から静岡県の沖合いにかけての、海底地形調査、海流観測及び海底土の採取等に従事するとともに、地震等の災害発生時のおける海面下の変動状況、東京湾再生プロジェクトなどに従事。また、東京オリンピック等の海上警備実施に必要な港湾状況の調査等各種の業務に当たった。

　観測機器として、マルチビーム測深機2台、多層音波流速計2台、シングルビーム測深機及び海洋観測ウインチを搭載している。

　なお、観測機器としては、20 メートル型測量船建造時に比べ、格段に技術進化した最新の観測機器を搭載し、観測精度、能力も非常に向上している。

　測量観測時には低速航行を長時間行うことからスリップ機能付減速機により長時間の低負荷運転に対応している。

　また、本船は船外機付きの搭載艇と、女性対応用の諸室を設けている。

▲ HS31 はましお（KUSU）

型番	船艇名	建造所	竣工年	管区	配属
HS31	はましお	木曽造船	H30	三管本部	

▲ HS27 くるしま（岩尾克治）

いそしお型

測量船　20メートル型

総トン数	27トン	航海速力	15ノット以上
主要寸法〈全長×幅〉 21.0×4.5m			

【概要】

　近年の海洋レジャーの活性化に伴うプレジャーボートなどの急増により、離島や地方の小さな港湾の地図の要請がたかまり、さらに、火山の噴火、大雨による水害など自然災害発生時の救難活動に際して必要となる、水深、底質、潮流などのデータの収集分析が急務となってきた。

　このため、本船は、沿岸防災情報、港湾測量、港湾調査等の業務を実施することを念頭に設計された。

　船体は航行区域を拡大し、業務の効率性を高めるため、大型化しており、耐航性も高まっている。

　船型はV型で、観測時の速力5ノット、低速時の操縦の安定性などの操縦性能を確保するため、エンジン3基、3軸、3舵としている。

　上部構造物はアルミニウム合金として船体の軽量化を図っている。

　操舵室後方に観測室を配置しているが、操舵室は一段高く配置している。

　海底の状況を詳細に調査できるサイドスキャンソナーを備えている。

▲ HS24 おきしお（岩尾克治）

型番	船艇名	建造所	竣工年	管区	配属
HS22	いそしお	横浜ヨット	H5	十管本部	
HS23	うずしお	横浜ヨット	H7	五管本部	
HS24	おきしお	石原造船所	H11	十一管本部	
HS25	いせしお	石原造船所	H11	四管本部	
HS26	はやしお	石原造船所	H11	七管本部	
HS27	くるしま	ニッスイマリン	H15	六管本部	

▲ LM208 こううん（花井健朗）

げんうん型

灯台見回り船　23メートル型

総トン数	50トン	航海速力	14ノット以上
主要寸法（全長×幅） 24.0×6.0m			

【概要】

　本船型は、昭和52年（1977）を皮切りに長期間にわたって建造しており、後年になるにつれ、各部に改善点がみられる。離島など沿岸域を担当する灯台見回り船。

　後部舷側は浮標への接舷のため、ゴム製防舷材を縦方向に取り付けている。

　船型はV型で半滑走型となっている。作業時低速航行を考慮して、スリップ運転装置を備えている。操舵と機関操縦を一人でできるよう配置している。

　推進方式は2基2軸2舵、固定ピッチプロペラで、作業時の低速航行を考慮したスリップ運転装置を備えている。

　なお、「こううん」は速力が「げんうん型」から3ノット増の17ノットとなっている。

▲ LM207 あやばね（KUSU）

型番	船艇名	建造所	竣工年	管区	配属
LM206	げんうん	若松造船	H8	第六管区	徳山
LM207	あやばね	石原造船所	H12	第四管区	名古屋
LM208	こううん	墨田川造船	H13	第五管区	神戸

しまひかり型

灯台見回り船　17メートル型

総トン数	20トン	航海速力	15ノット以上
主要寸法（全長×幅）			
17.5×4.3m			

【概要】

　17メートル型灯台見回り船は、比較的遠隔地にある灯標、浮灯標の電池交換、保守・点検整備などの巡回業務を主任務としているが、基本的に日帰り行動である。

　タイプシップは巡視艇「やまゆり」で、船型はV字、推進方式は2基2軸2舵、固定ピッチプロペラである。

　後部上甲板に作業用スペースを設け、蓄電池格納庫や浮標内の排水用ガソリンポンプ等を置いている。

▲ LS222 しまひかり（官野貴）

型番	船艇名	建造所	竣工年	管区	配属
LS222	しまひかり	墨田川造船	H14	第七管区	門司
LS223	はまひかり	墨田川造船	H14	第三管区	横浜

あきひかり

灯台見回り船　15メートル型

総トン数　　17トン	航海速力　20ノット以上
主要寸法〈全長×幅〉 15.0×4.2m	

【概要】

　平成15年（2003）に呉港湾周辺における航路標識の見回り点検業務を任務として建造された小型灯台見回り船。17メートル型初期建造船の代替として1隻認められた。

　船体後部両舷には、灯浮標に接舷して作業をするための防舷材が縦方向に取り付けられている。

　船名は地域名に光を組み合わせて作られている。

灯台見回り船

Light House Service Vessel Small

型番	船艇名	建造所	竣工年	管区	配属
LS201	あきひかり	石原造船所	H15	第六管区	高松

MH964 かみたか2号 （小山信夫）

航空機

AIRCRAFT

飛行機	ガルフⅤ（Gulfstream V）	2機
	ファルコン2000（Falcon 2000）	6機
	ボンバル300（Bombardier 300）	9機
	サーブ340（Saab 340）	4機
	ビーチ350（Beechcraft 350）	10機
	セスナ172（Cessna 172）	5機
無操縦者航空機	シーガーディアン（Sea Guardian）	1機
ヘリコプター	スーパーピューマ225（Super Puma 225）	11機
	スーパーピューマ332（Super Puma 332）	2機
	アグスタ139（Agusta 139）	19機
	シコルスキー76C（Sikorsky 76C）	3機
	シコルスキー76D（Sikorsky 76D）	12機
	ベル412（Bell 412）	4機
	ベル505（Bell 505）	4機

▲ LAJ501 うみわし 2 号（有澤豊彦）

ガルフ V 型

大型ジェット飛行機

製造社（国籍）	ガルフストリームエアロスペース社（アメリカ）		
機種名	ガルフストリーム G-V	自重	20,981kg
全長	29.39m	最高速力	約 510 ノット
全幅	28.49m	座席数	22 席
全高	7.89m		

【概要】

　長距離ビジネスジェット機として開発された。東京～ニューヨーク間（12,000km）を、ノンストップ飛行できる。

　信頼性が非常に高く、民間機のみならず軍用機としても有用であり、米軍では、洋上監視用、電子偵察用として、さらに VIP 輸送用として運用されている。

　ガルフ社では、平成 3 年（1991）に開発を公表し、平成 7 年（1995）11 月に初飛行している。その後、平成 9 年（1997）から納入開始したが、平成 15 年（2003）には生産を終了している。

　日本の国連海洋法条約の締結に伴い大幅拡大した領海内おける主権の確保と、排他的経済水域内における国権益保護のための適切な監視取締りを強化する必要性が高まった。

　このため、海上保安庁では、拡大した海域での海上保安維持体制の構築及び新たな海洋秩序を形成するために、長距離飛行かつ効率的な人員・資機材の輸送に優れた大型ジェット機として、「ガルフ V」型を平成 17 年（2005）に導入した。

　機体の大きな特徴は Plane View コックピットにある。

4つの 14 インチ大型 LCD を備え、また、気象情報、管制情報、地形などをリアルタイムで標示している。また、すべての航法システムと安全化装置を一体化させることができる。

　主な装備として高性能監視レーダー、赤外線捜索監視装置などを備えており、胴体の左右中央部に、捜索見張り用の丸窓を取り付けている。

　ジブチ共和国及びセーシェル共和国における海賊の護送と引き渡しに関する訓練を実施する等、国外においても活動の幅を広げている。

▲ LAJ500 うみわし 1 号（海上保安庁提供）

型番	愛称	整備年	管区	配置
LAJ500	うみわし 1 号	H17	第三管区	羽田
LAJ501	うみわし 2 号	H17	第三管区	羽田

ファルコン2000型

中型ジェット飛行機

製造社（国籍）	ダッソー・アビエーション社（フランス）		
機種名	ダッソーファルコン2000/EX	自重	11,677kg
全長	20.23m	最高速力	494ノット
全幅	21.38m	座席数	18席
全高	7.18m		

3機
【概要】

海上保安庁が新しい中型ジェット機として2019年に初号機を導入したファルコン2000は、ビジネス機としても販売実績のある機種を選定したが、その2000シリーズでも最新モデルのファルコン2000LXSをベースに、高性能の監視レーダーや観測窓などを追加装備して洋上監視型に改修した。

30年以上も運用されたファルコン900の後継機として導入され、エンジンの数がファルコン900の三発に対して、双発になった点が外観上の大きな違いにもなっている。双発になったことで高いと言われていた運航経費も少しは軽減されるはずだ。

また監視レーダーを装備したことにより胴体の下に膨らみがある点も、これまで海上保安庁が運用していたファルコン900とは違う。

さらにアビオニクス（AviationとElectronicsを表す造語＝電子機器を使った航空システムで、通信機器、自動操縦装置、飛行管理システム）関係も最新のものが装備されているので、運用面においても安全性でもファルコン900よりも向上している。性能面ではスピードなどに大きな変化はなく、航続距離はカタログデータ上で少し下回るが、実際に運用する上で問題になるほどの差ではない。

海洋監視飛行に関してはビジネス機本来の性能を発揮する場面が少なく、低い高度を低速で長時間飛ぶことが多くなる。しかし、現場海域まで進出する時間が速くなるので、その点に関してはプロペラ機に比べると優位に立つ。

ファルコン900に代わる位置づけで導入されたファルコン2000は、900が2機だけの運用で終わったのに対し、現時点で、それぞれ3機が那覇と北九州に配備済みで、「西方海域重視」の海上保安庁の計画にあった中型ジェット機を増やす目的は果たしていると思われる。

型番	愛称	整備年	管区	配置
MAJ572	ちゅらたか1号	R1	第十一管区	那覇
MAJ573	ちゅらたか2号	R1	第十一管区	那覇
MAJ574	ちゅらたか3号	R2	第十一管区	那覇
MAJ575	わかたか1号	R2	第七管区	北九州
MAJ576	わかたか2号	R3	第七管区	北九州
MAJ577	わかたか3号	R3	第七管区	北九州

ボンバル300型

中型飛行機

製造社（国籍）	ボンバルディア・エアロスペース社（カナダ）		
機種名	ボンバルディア DHC-8-300	自重	11,712kg
全長	25.68m	最高速力	約250ノット
全幅	27.43m	座席数	32 席
全高	7.49m		

【概要】

　ボンバルディア DHC-8 は、海洋権益の保全、大規模災害時などに対する救助体制の強化など新たな業務課題に適切に対応できる業務執行体制を確立するため、老朽、旧式化した YS-11 および ビーチ 200 の代替機として、昭和 54 年（1979）に開発計画が公表された機体である。代替にあたっては、高高度を高速で飛行する能力、航続性、輸送能力の向上、夜間監視能力（赤外線捜索監視装置、航空用高性能監視レーダー装置）の向上などが検討された。

　シリーズ 300 の試作初号機は昭和 62 年（1987）に初飛行、メーカー従来機にくらべて機体が一回り大きくなり、機体重量も増加したため、エンジン出力も 1,775kW を搭載している。

　円形断面の胴体に高翼配置の主翼、アビオニクス を採用し、強力な高揚力発生装置高出力エンジンを搭載している。

　フラップ展開時は全翼弦の 39％となり、高い STOL（Short Take Off and Landing）性を確保している。胴体は円形断面で、最大幅 2.49m 、最大高さ 1.88m、中央通路を挟んで左右 2 列の座席を設置できる。

　また、騒音振動抑制装置が標準装備となり、機内居住性が改善された。

　機体下の黒いドームは「全周捜索レーダー」で、前脚部分に見える黒い装置が「赤外線捜索監視装置」となる。加えて MA723（みずなぎ 2 号）は、機体後部に MAD（磁気探知機）を装備している。

型番	愛称	整備年	管区	配置
MA720	しまたか1号	H21	第十一管区	那覇
MA721	しまたか2号	H21	第十一管区	那覇
MA722	みずなぎ1号	H21	第三管区	羽田
MA723	おおわし1号	H21	第一管区	千歳
MA724	おおわし2号	H22	第一管区	千歳
MA725	みずなぎ2号	H23	第三管区	羽田
MA726	みほわし1号	H23	第八管区	美保
MA727	おおわし3号	H26	第一管区	千歳
MA728	みほわし2号	H23	第八管区	美保

▲ MA951 うみつばめ1号（KUSU）

サーブ340B型

中型飛行機

製造社（国籍）	サーブ・エアクラフト社（スウェーデン）		
機種名	サーブスカニア SAAB340B	自重	8,488kg
全長	19.73m	最高速力	約250ノット
全幅	22.75m	座席数	27席
全高	6.97m		

【概要】

耐用年数を迎えたスカイバン型機の代替機として、平成9年（1997）に導入したターボプロップ双発機で、人員、資器材の輸送に適している。

機体前底部分に捜索用レーダー、後部に赤外線捜索監視装置がある。

340型は昭和58年（1983）に初飛行、その翌年には量産可能な340B型を開発し、さらに平成6年（1994）には340B＋を開発。1999年半ばをもって、ストックホルムの南西約100kmにあるリンセービング市のリンショピン工場での生産を中止した。

これまでの納入機数は456機、このうち、北海道エアシステムでは本機を3機購入（丘珠空港を中心に運用）しており、海上保安庁では4導入している。

コックピットは最新の電子機器を備え、主翼は縦横比11で、抵抗の少ない翼型を採用している。

機体構造は金属製だが、ドア、フロア、操縦翼面などは複合材を使用して、軽量化と寿命の延伸化を図っている。飛行時間45,000時間、離着陸9万回に耐えられる。

エンジンは燃焼効率のよいCT7、プロペラは複合材を使用した4枚ブレードとなっている。

▲ MA954 はやぶさ2号（KUSU）

型番	愛称	整備年	管区	配置
MA951	うみつばめ1号	H9	第十管区	鹿児島
MA952	うみつばめ2号	H9	第十管区	鹿児島
MA953	はやぶさ1号	H19	第五管区	関空
MA954	はやぶさ2号	H19	第五管区	関空

▲ MA863 とき 1 号 （小山信夫）

ビーチ350型

中型飛行機

製造社（国籍）		ビーチクラフト社（アメリカ）	
機種名　ビーチ 350		自重	4,366kg
全長	14.22m	最高速力	約 260 ノット
全幅	17.65m	座席数	14 席
全高	4.37m		

【概要】

　好評を博しているビーチ 200 型及び 300 型の性能を向上させ、さらに改良を加えた機種である。海上保安庁では、ビーチ 200T 型機の後継機として、平成 11 年（1999）から導入した。高速性能、航続性能、輸送力の向上を図った双発ターボプロップビジネス機である。改良型のモデル 350 は、現在もアビオニクスや内装全般において改良を続けながら生産が続いており、海上保安庁では、ボンバルディア 300 に次ぐ機数を保有している。

　機体はモデル 300 にくらべ、胴体を延長し、主翼スパンを延長して、飛行特性と、航続性能を改善した汎用性のある機体で、改修しやすく、FLIR（前方監視型赤外線装置）、洋上監視、偵察、航測、飛行点検などの数々の特殊任務において世界的に運用されている。大型の貨物ドアも装備可能で、医療搬送や貨物搬送に採用されている。

　機体とエンジン出力がやや大きくなり、胴体下部には全周式赤外線監視装置を備え、電子機器の高性能化が図られている。日本のホンダジェットにくらべて一回り大きくなっている。

　軍用機としても人員輸送や訓練などにも広く使用されており、ガルフストリームと共に冷戦時連絡輸送などで活躍し、多くの西側諸国で採用された。

　海上保安庁では令和 3 年（2021）、MA871（あおばずく）が、海上保安庁初の測量専用機として就役した。

　この航空機は、航空レーダー測深機で水深を測ることができ、測量船での調査が難しい浅い海域を、広範囲かつ効率的に測深することができる。

型番	愛称	整備年	管区	配置
MA861	はくたか 1 号	H11	第二管区	仙台
MA862	きんばと 1 号	H11	第十一管区	石垣
MA863	とき 1 号	H11	第九管区	新潟
MA864	とき 2 号	H11	第九管区	新潟
MA865	はくたか 2 号	H11	第二管区	仙台
MA866	はくたか 3 号	H12	第二管区	仙台
MA867	きんばと 2 号	H12	第十一管区	石垣
MA868	うみかもめ 1 号	H13	第七管区	北九州
MA870	うみかもめ 2 号	H13	第七管区	北九州
MA871	あおばずく	R3	第二管区	仙台

▲ SA395 あまつばめ 5 号 (有澤豊彦)

セスナ172型

小型飛行機

製造社(国籍)	テストロン・アビエーション社(アメリカ)		
機種名	セスナ 172	自重	813kg
全長	8.28m	最高速力	約160ノット
全幅	10.97m	座席数	4 席
全高	2.72m		

【概要】

　本機は、海上保安庁における飛行機操縦要員の養成体制の整備を進め、必要な教官要員予定者の技量維持等をおこなうため、第一管区海上保安本部千歳航空基地に配置された。

　燃焼効率の高いターボディーゼルエンジンを搭載しており、航続距離は航空ガソリンを使うエンジンより500kmも長い1,600kmを誇る。

　令和2年(2020)、海上保安学校宮城分校北九州に航空研修センター開所にともない、全機同研修センターに配置換えとなった。

　なお、研修センターにはフルフライトシミュレーターのようなモーション装置はないが、当機の模擬飛行装置が導入されている。

▲ SA391 あまつばめ 2 号 (KUSU)

型番	愛称	整備年	管区	配置
SA391	あまつばめ 1 号	H30	第七管区	北九州
SA392	あまつばめ 2 号	H30	第七管区	北九州
SA393	あまつばめ 3 号	H30	第七管区	北九州
SA394	あまつばめ 4 号	H30	第七管区	北九州
SA395	あまつばめ 5 号	H30	第七管区	北九州

▲シーガーディアン（官野貴）

シーガーディアン

無操縦者航空機

製造社（国籍）	ジェネラル・アトミックス・エアロノーティカル・システムズ社（アメリカ）		
機種名	シーガーディアン（MQ-9B）	最大離陸重量	5,670kg
全長	11.7m	最高速力	約120ノット
全幅	24.0m	航続可能時間	24時間以上
全高	●m		

【概要】

　令和3年（2021）12月24日に、6回目となる「海上保安体制強化に関する関係閣僚会議」が開催され、尖閣領海警備のための大型巡視船等の整備のほか、海洋監視能力を高めるため、海上保安庁初となる無操縦者航空機の導入など、海洋秩序の維持強化のための取組を推進していくことが確認された。これに伴い導入された無操縦者航空機がシーガーディアンである。

　単発のエンジンを機体後部に搭載しプロペラを後ろ向きに配置した推進式である。機体前部には高性能カメラを搭載し撮影した映像を送信する。機首上部の膨らみには衛星通信用のパラボラアンテナが格納されている。機体後方下部には海洋監視用レーダーを装備している。

　尾翼はV字と下向きの垂直尾翼を組み合わせたY字型である。武器や弾薬は搭載しない。エンジンはギャレット・エアリサーチ社製ターボプロップエンジンを搭載している。海上保安庁から委託を受けたアトミックス社が海上自衛隊八戸航空基地（青森県）内にあるオペレーションセンターから衛星を介して操縦する。センター内にあるコク

ピットには機体操縦用及びカメラ操作用の2つのコックピットがあり、監視業務時は約120ノットで飛行する。

　令和4年（2022）10月から運用を開始した当機は、遠隔操縦で24時間以上の航続が可能で、日本周辺海域の警戒や監視に当たる。2023年度にはさらに2機を導入し、計3機が交代で「24時間365日」の海洋監視体制に入る。

　災害や海難事故では現場周辺の上空からカメラで撮影し、リアルタイムで状況を把握でき、広大な日本周辺の全海域をカバーできる性能があり、排他的経済水域（EEZ）内で違法操業する外国漁船や不審船の警戒業務にも活用する。

▲ MH697 ちゅらわし（海上保安庁提供）

スーパーピューマ 225型

中型ヘリコプター

製造社（国籍）	ユーロコプター社（現・エアバス・ヘリコプターズ社）（フランス）		
機種名	スーパーピューマ 225（EC225LP）	自重	6,581kg
主翼回転直径	16.20m	最高速力	約150ノット
全長	19.50m	座席数	21席
全高	4.97m		

【概要】

フランスのユーロコプター社（現エアバス・ヘリコプターズ社）により開発・製造されている大型輸送ヘリコプター。平成13年（2001）12月に発生した九州南西海域における工作船事件を受けて、テロ・不審船事案に対し、昼夜を問わず対処能力に優れた人員および資器材などを迅速に投入する体制を整えるために導入した。海上保安庁のヘリコプターの中では、機体が最も大きく、飛行性能と輸送能力に優れており、重量物搬送に適している。

緊急医療仕様として6台のストレッチャーと4名の医療要員が搭乗可能、捜索救助仕様では、捜索救助に必要な装備品と担当要員のほか8名分の座席と3台のストレッチャーを収容できる。

機体前部に気象用レーダー、前低部に赤外線監視装置、右側にサーチライトとスピーカー、機体右中央には吊り上げ用ホイストを装備している。

機体は同社 AS332 シュペルピューマの発展機で、振動軽減のため、5枚ブレードを採用。寒冷地対応型のエンジンを搭載している。

乗客輸送仕様機では標準9名、最大24名の座席を配置することができる。

捜索救助任務に供するため、世界各国で本機種を保有しており、日本では海上保安庁のほか、陸上自衛隊が皇室、首相、国賓などの輸送用として、東京消防庁が救助、救急、消火に使用している。

型番	愛称	整備年	管区	配置
MH687	みみずく1号	H20	第五管区	関空
MH688	みみずく2号	H20	第五管区	関空
MH689	あきたか1号	H26	第三管区	あきつしま
MH690	あきたか2号	H26	第三管区	あきつしま
MH691	いぬわし1号	H27	第三管区	羽田
MH692	いぬわし2号	H30	第三管区	羽田
MH693	なべづる1号	R2	第十管区	しゅんこう
MH694	なべづる2号	R2	第十管区	しゅんこう
MH695	はやたか	R2	第十管区	れいめい
MH696	あおわし	R3	第十管区	あかつき
MH697	ちゅらわし	R3	第十一管区	あさづき

▲ MA806 うみたか 2 号 （有澤豊彦）

スーパーピューマ 332型

中型ヘリコプター

製造社（国籍）	アエロスパシアル社（現・エアバス・ヘリコプターズ）（フランス）		
機種名	スーパーピューマ 332（EC332LP）	自重	4,890kg
主翼回転直径	15.60m	最高速力	約 135 ノット
全長	18.70m	座席数	19 席
全高	4.95m		

【概要】

巡視船「しきしま」の搭載用として、平成 4 年（1992）に 2 機導入された。

阪神淡路大震災の災害支援活動において、その能力が評価され、平成 9 年（1997）陸上基地用として初めて、羽田航空基地に 1 機導入した。

フランス・ユーロコプター社（現、エアバス・ヘリコプターズ社）製のヘリコプターである。世界各国で民間用、軍用として運用されている。飛行性能、輸送力に優れ、汎用性もある。

機体前底部に気象用レーダー、左側に赤外線監視装置、右側にサーチライト、スピーカー、機体右中央には吊り上げ用ホイストを装備している。

日本では、昭和 59 年（1984）以降、朝日航洋などが導入し、物資輸送などで活躍している。また、昭和 61 年（1986）には政府専用機として採用され、その後、警察庁、東京消防庁、海上保安庁が相次いで導入している。

また、操縦系統は完全にデジタル化され、アビオニクス類も改善されている。

▲ MA805 うみたか 1 号 （海上保安庁提供）

型番	愛称	整備年	管区	配置
MH805	うみたか 1 号	H9	第十管区	しきしま
MH806	うみたか 2 号	H9	第十管区	しきしま

▲ MH965 うみすずめ1号（小山信夫）

アグスタ139型

中型ヘリコプター

製造社（国籍）	アグスタウェストランド社（イタリア）		
機種名	アグスタ式 AW139	自重	4,000kg
主翼回転直径	13.80m	最高速力	約165ノット
全長	16.65m	座席数	15席
全高	4.98m		

【概要】

　平成18年（2006）にベル212の更新機として導入を決定したAW139は、海上保安庁の最多保有機種である。当初、アメリカのベル・ヘリコプターとの共同開発でAB139と呼ばれていたが、ベル社が計画から撤退したためアグスタウェストランド社が開発、現在も人気の高い中型双発タービンヘリコプターである。機体重量にくらべて強力なエンジンを搭載しており、救命救急や要人輸送、捜索救難、洋上施設への輸送などを想定して設計されている。夏の山岳地で運用する際も、燃料の減量や搭載重量の調整の必要がなく、警察航空隊、大阪府警察、千葉県警察など警察関係や、消防・防災を目的に関係機関に多く導入され、報道関係にも使用されている。

　機体は2基のターボシャフトエンジン（カナダ社製）を搭載しており、飛行中に片肺飛行となっても、安全飛行が可能である。機体には「防除氷システム」が整備されてり、寒冷地における洋上、山岳での救助活動に活躍できる。日本では、海上保安庁のほか警察庁、消防、報道関係などで活躍しており、世界的にも既に1,100機以上受注している。

型番	愛称	整備年	管区	配置
MH960	かみたか1号	H20	第四管区	中部
MH961	みほづる1号	H20	第八管区	美保
MH962	せとわし1号	H20	第六管区	広島
MH963	せとわし2号	H21	第六管区	広島
MH964	かみたか2号	H21	第四管区	中部
MH965	うみすずめ1号	H23	第二管区	仙台
MH966	はまちどり1号	H23	第七管区	北九州
MH967	らいちょう1号	H24	第九管区	新潟
MH968	うみすずめ2号	H24	第二管区	仙台
MH969	はまちどり2号	H24	第七管区	北九州
MH970	らいちょう2号	H24	第九管区	新潟
MH971	かんむりわし1号	H25	第十一管区	石垣
MH972	かんむりわし2号	H25	第十一管区	石垣
MH973	みほづる2号	H25	第八管区	美保
MH974	おきたか1号	H26	第十一管区	那覇
MH975	おきたか2号	H26	第十一管区	那覇
MH976	まなづる1号	H26	第十管区	鹿児島
MH977	まなづる2号	H26	第十管区	鹿児島
MH978	らいちょう3号	R3	第九管区	新潟

シコルスキー 76C型
中型ヘリコプター

製造社（国籍）	シコルスキー・エアクラフト社（アメリカ）		
機種名　S-76C		自重	3,604kg
主翼回転直径	13.4m	最高速力	約155ノット
全幅	16.00m	座席数	14席
全高	4.4m		

【概要】

　軍用ヘリコプター市場で好調を続けていたシコルスキー・エアクラフト社が、民間向けに開発した高性能中型双発ヘリコプターである。

　洋上における捜索救助に適しており、高い飛行性能をもっており、ベル212型の代替機として平成7年（1995）から配属された。

　世界各地で多用途に使われているシコルスキー・エアクラフト社製ターボシャフト双発の汎用ヘリコプター 76C型を海上保安庁仕様に改装し、所要の装備を施したものである。

　主ローターは4枚ブレードで、ブレードの材質はチタン複合材である。離着陸装置は引き込み式の3車輪、キャビンには最大13座席の配置が可能である。

　昭和50年（1975）に開発が公表された。改良を重ねて、昭和60年（1985）には高出力トランスミッションが標準搭載されて、ホバリング、高温時の性能が向上したが、最大全備重量も増加した。

　主ギアボックスには低騒音型トランスミッションが標準装備され、さらに、改良型地上接近警告装置を装備し、いくつかの安全装置がオプション装備可能となっている。

▲ MH755 しまふくろう1号（海上保安庁提供）

型番	愛称	整備年	管区	配置
MH755	しまふくろう1号	H7	第一管区	釧路
MH904	しまふくろう2号	H10	第一管区	釧路
MH909	せきれい	H19	第一管区	そうや

▲ MH911 しまわし（有澤豊彦）

シコルスキー 76D 型
中型ヘリコプター

製造社（国籍）	シコルスキー・エアクラフト社（アメリカ）		
機種名	S-76D	自重	3,866kg
主翼回転直径	13.41m	最高速力	約155ノット
全長	15.97m	座席数	14 席
全高	4.41m		

【概要】

　本機は耐用年数を迎えたベル212型機の代替機として平成27年度から配備された機体で、シコルスキー76C型の発展機を海上保安庁仕様に改造したもので、寒冷地仕様ともなっている。

　函館、広島の航空基地に配備されているほか、主にヘリコプター1機搭載型巡視船に搭載されている。

　シコルスキー社は当初、ヘリを主として軍用仕様として開発してきたが、S-76型は初めて民間向けに開発した高性能中型双発ヘリコプターで、主ローターは4枚ブレード。機体の軽量化を図るため、チタニウムや、複合材を可能な限り使用している。

　本機の離着陸装置はベル412型のスキッド式とは異なり、引き込み式の車輪方式となっているため、速力、航続距離ともにベル412にくらべて優れており、地上でのハンドリングも容易である。

　日本では海上保安庁のほか、報道取材、ヘリコミューター便などの用途で採用されている。

型番	愛称	整備年	管区	配置
MH910	くまたか1号	H26	第一管区	函館
MH911	しまわし	H26	第十一管区	うるま
MH912	るりかけす	H26	第三管区	さがみ
MH913	くまたか2号	H27	第一管区	函館
MH914	まいづる	H27	第八管区	だいせん
MH915	おきさしば	H27	第十一管区	りゅうきゅう
MH916	みさご	H27	第九管区	えちご
MH917	おきあじさし	H27	第十一管区	おきなわ
MH918	しらさぎ	H27	第五管区	せっつ
MH919	はいたか	H27	第一管区	つがる
MH920	うみねこ	H27	第二管区	ざおう
MH921	せとたか	R3	第六管区	広島

中型ヘリコプター

Medium Helicopter

▲ MH795 はなみどり 1 号（小山信夫）

ベル412型

中型ヘリコプター

製造社 (国籍)	ベル・ヘリコプター・テキストロン社 (アメリカ)		
機種名　412EP		自重	3,639kg
主翼回転直径　14.00m		最高速力	約 140 ノット
全幅　17.10m		座席数	15 席
全高　4.90m			

【概要】

　人員、物資の輸送や捜索救難まで、さまざまな用途で活躍している中型双発のヘリコプターである。海上保安庁では、ベル 212 の後継機として平成 5 年（1993）から順次配備してきた。

　ベル 412 は安定した高出力エンジンによる飛行特性が優れており、加えて、幅 2.3m の大きな開口部は、遭難者の機内収容を容易かつ安全にしている。特殊捜索救難装備の装着も容易なことから、世界中で捜索救難ミッションで使われている。特に洋上や山岳といった厳しい自然条件の下での安定したホバリング性能は高く評価されている。

　また、海上保安庁仕様として、自動ホバリング装置、気象用レーダー、赤外線捜索救難装置、吊り上げ用ホイスト、拡声装置を装備している。

　ベル社では、主ローターに 212 の特徴であった 2 枚ブレードから 4 枚のグラスファイバー製ブレードに変更したことで、騒音、振動が軽減されている。グラスファイバーは、腐食の心配がなく、高い空力特性と無制限とも言える耐

用年数をそなえている。

　また、トランスミッションが強化されて、搭載力、速力、航続距離が伸びて、機体の振動も少なくなった。

▲ MH795 はなみどり 1 号（海上保安庁提供）

型番	愛称	整備年	管区	配置
MH756	いせたか 1 号	H7	第四管区	みずほ
MH795	はなみどり 1 号	H9	第七管区	やしま
MH906	いせたか 2 号	H12	第四管区	みずほ
MH908	はなみどり 2 号	H13	第七管区	やしま

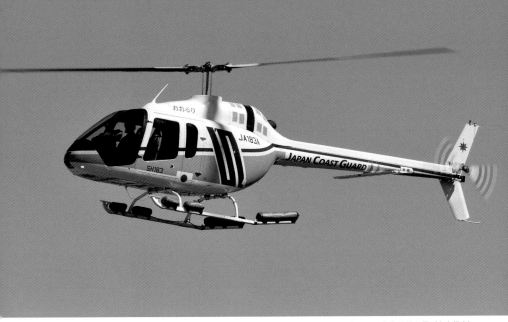

▲ SH183 おおるり 3 号（小山信夫）

ベル505型

小型ヘリコプター

製造社（国籍）	ベル・ヘリコプター・テキストロン社（アメリカ）		
機種名　ベル 505		自重	1,002kg
主翼回転直径	11.28m	最高速力	約 135 ノット
全長　　長 12.95m		座席数	5 席
全高　　3.25m			

【概要】

　本機は、海上保安体制強化にあわせ、海上保安業務対応能力の向上を図るために必要な航空機要員の教育訓練を目的として仙台航空基地に配属された。海上保安学校宮城分校の訓練機としても使用されている。緊急着水用フロート装置、拡声器を装備している。

▲ SH181 おおるり 1 号（小山信夫）

▲ SH182 おおるり 2 号（小山信夫）

▲ SH184 おおるり 4 号（有澤豊彦）

型番	愛称	整備年	管区	配置
SH181	おおるり 1 号	H30	第二管区	仙台
SH182	おおるり 2 号	H30	第二管区	仙台
SH183	おおるり 3 号	H30	第二管区	仙台
SH184	おおるり 4 号	H30	第二管区	仙台

PM・PS

▲ **PM08** ちとせ　（海上保安庁提供）

▲ **PM96** くろかみ　（海上保安庁提供）

▲ **PS02** さろま　　　（岩尾克治）

▲ **PS04** きりしま　（海上保安庁提供）

▲ **PS108** たかつき　　（岩尾克治）

CL

▲ **CL35** うみかぜ　（海上保安庁提供）

▲ **CL36** きりかぜ　（海上保安庁提供）

▲ **CL37** はかぜ　　（海上保安庁提供）

▲ **CL38** しゃちかぜ（海上保安庁提供）

▲ **CL39** いせかぜ　（海上保安庁提供）

▲ **CL40** にじかぜ　　　（官野貴）

▲ **CL41** きしかぜ　　　（KUSU）

▲ **CL42** きくかぜ　　　（KUSU）

▲ **CL43** おとかぜ　（海上保安庁提供）

▲ **CL44** ひろかぜ　　　（KUSU）

▲ **CL45** あしかぜ　　（有澤豊彦）

▲ **CL46** とよかぜ　（海上保安庁提供）

▲ **CL47** はやかぜ　　　（岩尾克治）

▲ **CL60** ささかぜ　（海上保安庁提供）

PLH01 そうや（岩尾克治）

Regional Coast Guard Album

部署別 船艇・航空機アルバム

Vessels/Craft/Aircraft

PLH34 あかつき （KUSU）

JAPAN COAST GUARD

海上保安庁の組織・体制　Organizational Structure

　海上保安庁は、東京に本庁があり、全国を11の海上保安管区に分けて海上保安業務を行っている。それぞれの管区には、管区海上保安本部があり、その下には、各地に海上保安（監）部、海上保安航空基地、海上保安署、海上交通センター、航空基地、水路観測所などを置いている。

▶ 組　織

令和5年4月1日現在

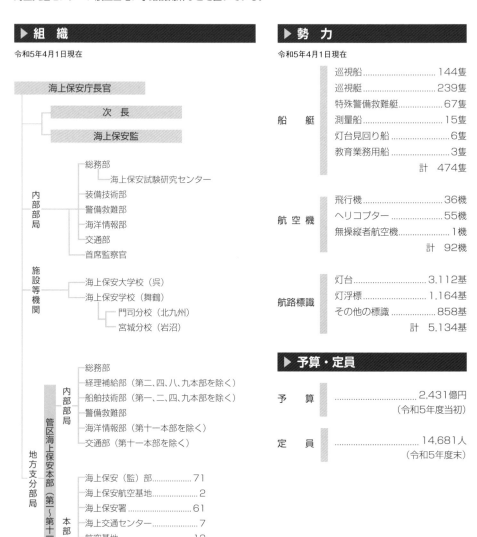

▶ 勢　力

令和5年4月1日現在

船　艇		
巡視船	144隻
巡視艇	239隻
特殊警備救難艇	67隻
測量船	15隻
灯台見回り船	6隻
教育業務用船	3隻
	計　474隻

航 空 機		
飛行機	36機
ヘリコプター	55機
無操縦者航空機	1機
	計　92機

航路標識		
灯台	3,112基
灯浮標	1,164基
その他の標識	858基
	計　5,134基

▶ 予算・定員

予　算	2,431億円（令和5年度当初）
定　員	14,681人（令和5年度末）

▶ 管区別担当水域および 大型巡視船配備状況

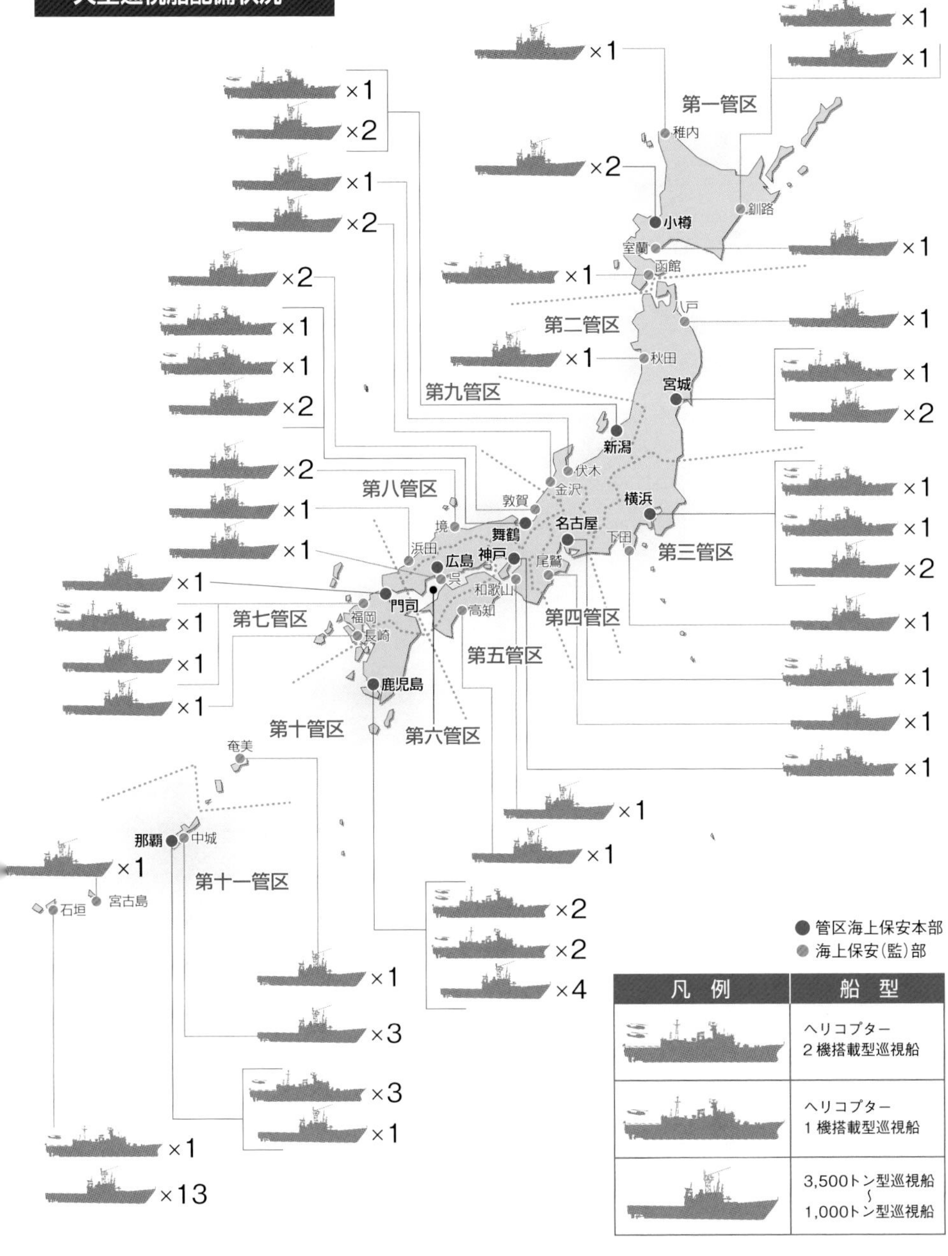

×1

×1

第一管区

稚内

×1

×2

釧路

小樽

室蘭

函館

×1

×1

八戸

第二管区

×1

秋田

宮城

×1

×2

第九管区

新潟

×2

×1

伏木

金沢

横浜

×1

×1

敦賀

名古屋

第三管区

×2

舞鶴

×2

焼

清水

×2

浜田

神戸

尾鷲

×1

広島

呉

第四管区

×1

和歌山

門司

高知

第五管区

第七管区

福岡

長崎

×1

×1

鹿児島

第六管区

×1

第十管区

×1

奄美

第十一管区

那覇

中城

×1

×1

石垣

宮古島

×1

×3

×3

×1

×1

×13

×2

×2

×4

凡 例	船 型
● 管区海上保安本部	
● 海上保安（監）部	
	ヘリコプター 2機搭載型巡視船
	ヘリコプター 1機搭載型巡視船
	3,500トン型巡視船 〜 1,000トン型巡視船

船艇・航空機配置図

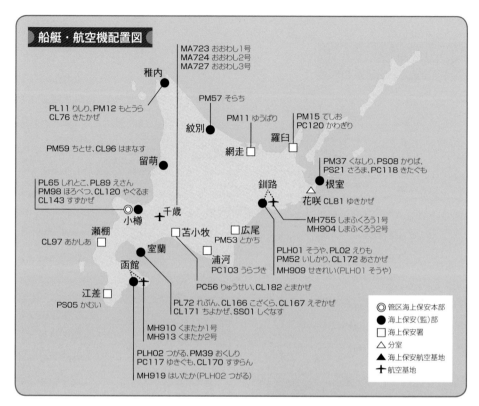

MA723 おおわし1号
MA724 おおわし2号
MA727 おおわし3号

稚内

PL11 りしり、PM12 もとうら
CL76 きたかぜ

PM57 そらち

PM11 ゆうばり

紋別

PM15 てしお
PC120 かわぎり

羅臼

網走

PM59 ちとせ、CL96 はまなす

留萌

PM37 くなしり、PS08 かりば、
PS21 さろま、PC118 きたぐも

根室

PL65 しれとこ、PL89 えさん
PM98 ほろべつ、CL120 やぐるま
CL143 すずかぜ

釧路

花咲 CL81 ゆきかぜ

小樽

千歳

MH755 しまふくろう1号
MH904 しまふくろう2号

瀬棚

CL97 あかしあ

苫小牧

広尾
PM53 とかち

室蘭

浦河
PC103 うらづき

PLH01 そうや、PL02 えりも
PM52 いしかり、CL172 あさかぜ
MH909 せきれい（PLH01 そうや）

函館

PC56 りゅうせい、CL182 とまかぜ

江差
PS05 かむい

PL72 れぶん、CL166 こざくら、CL167 えぞかぜ
CL171 ちよかぜ、SS01 しぐなす

MH910 くまたか1号
MH913 くまたか2号

PLH02 つがる、PM39 おくしり
PC117 ゆきぐも、CL170 すずらん

MH919 はいたか（PLH02 つがる）

◎ 管区海上保安本部
● 海上保安（監）部
□ 海上保安署
△ 分室
▲ 海上保安航空基地
✦ 航空基地

● 函館海上保安部

■PLH02 つがる　　　（官野貴）

■PM39 おくしり　　　（海上保安庁提供）

■PC117 ゆきぐも　　　（海上保安庁提供）

■CL170 すずらん　　　（海上保安庁提供）

● 江差海上保安署

▶PS05 かむい　　　　　（海上保安庁提供）

● 瀬棚海上保安署

▶CL97 あかしあ　　　　（海上保安庁提供）

● 小樽海上保安部

▶PL65 しれとこ　　　　（海上保安庁提供）

▶PL89 えさん　　　　　（海上保安庁提供）

▶PM98 ほろべつ　　　　（海上保安庁提供）

▶CL120 やぐるま　　　　（海上保安庁提供）

▶CL143 すずかぜ　　　　（海上保安庁提供）

● 室蘭海上保安部

▶PL72 れぶん　　　　　（海上保安庁提供）

▶CL166 こざくら　　　　（海上保安庁提供）

▶CL167 えぞかぜ　　　　（海上保安庁提供）

室蘭海上保安部

▶CL171 ちよかぜ　　　　（海上保安庁提供）

▶SS01 しぐなす　　　　（有澤豊彦）

苫小牧海上保安署

▶PC56 りゅうせい　　　　（船元康子）

▶CL182 とまかぜ　　　　（船元康子）

浦河海上保安署

▶PC103 うらづき　　　　（海上保安庁提供）

釧路海上保安部

▶PLH01 そうや　　　　（岩尾克治）

▶PL02 えりも　　　　（海上保安庁提供）

▶PM52 いしかり　　　　（官野貴）

▶CL172 あさかぜ　　　　（海上保安庁提供）

広尾海上保安署

▶PM53 とかち　　　　（海上保安庁提供）

留萌海上保安部

PM59 ちとせ　　　　　　　（海上保安庁提供）

CL96 はまなす　　　　　　　（海上保安庁提供）

稚内海上保安部

PL11 りしり　　　　　　　　（海上保安庁提供）

PM12 もとうら　　　　　　　（海上保安庁提供）

CL76 きたかぜ　　　　　　　（海上保安庁提供）

紋別海上保安部

PM57 そらち　　　　　　　　（有澤豊彦）

網走海上保安署

PM11 ゆうばり　　　　　　　（海上保安庁提供）

根室海上保安部

PM37 くなしり　　　　　　　（有澤豊彦）

PS08 かりば　　　　　　　　（岩尾克治）

PS21 さろま　　　　　　　　（有澤豊彦）

●根室海上保安部

▶PC118 きたぐも (岩尾克治)

●根室海上保安部花咲分室

▶CL81 ゆきかぜ (岩尾克治)

●羅臼海上保安署

▶PM15 てしお (岩尾克治)

▶PC120 かわぎり (海上保安庁提供)

●函館航空基地

▶MH910 くまたか1号 (海上保安庁提供)

▶MH913 くまたか2号 (小山信夫)

●釧路航空基地

▶MH755 しまふくろう1号 (海上保安庁提供)

▶MH904 しまふくろう2号 (海上保安庁提供)

●千歳航空基地

▶MA723 おおわし1号 (海上保安庁提供)

▶MA724 おおわし2号 (KUSU)

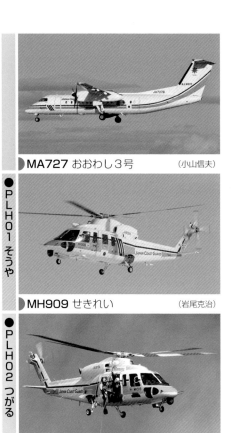

▶MA727 おおわし3号 （小山信夫）

●PLH01 そうや

▶MH909 せきれい （岩尾克治）

●PLH02 つがる

▶MH919 はいたか （KUSU）

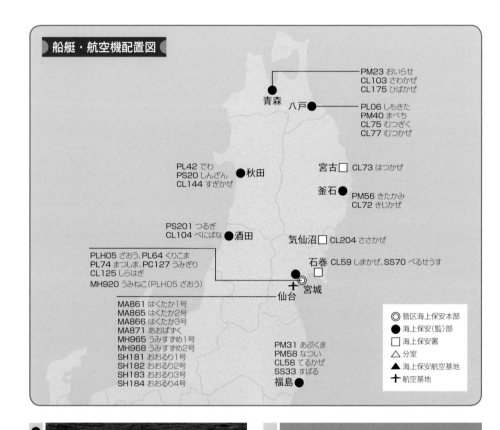

船艇・航空機配置図

PM23 おいらせ
CL103 さわかぜ
CL175 ひばかぜ

PL06 しもきた
PM40 まべち
CL75 むつぎく
CL77 むつかぜ

青森

八戸

PL42 でわ
PS20 しんざん
CL144 すぎかぜ

秋田

宮古□ CL73 はつかぜ

釜石

PM56 きたかみ
CL72 きじかぜ

PS201 つるぎ
CL104 べにばな

酒田

気仙沼□ CL204 ささかぜ

PLH05 ざおう、PL64 くりこま
PL74 まつしま、PC127 うみぎり
CL125 しらはぎ
MH920 うみねこ（PLH05 ざおう）

石巻 CL59 しまかぜ、SS70 べるせうす
□

仙台 宮城

MA861 はくたか1号
MA865 はくたか2号
MA866 はくたか3号
MA871 あおばずく
MH965 うみすずめ1号
MH968 うみすずめ2号
SH181 おおるり1号
SH182 おおるり2号
SH183 おおるり3号
SH184 おおるり4号

PM31 あぶくま
PM58 なつい
CL58 てるかぜ
SS33 すばる

福島

◎ 管区海上保安本部
● 海上保安（監）部
□ 海上保安署
△ 分室
▲ 海上保安航空基地
✛ 航空基地

● 青森海上保安部

▶PM23 おいらせ　　　　　（岩尾克治）

▶CL175 ひばかぜ　　　　　（船元康子）

▶CL103 さわかぜ　　　　（海上保安庁提供）

● 八戸海上保安部

▶PL06 しもきた　　　　　（小山信夫）

▶PM40 まべち　　　　　（海上保安庁提供）

▶CL75 むつぎく　　　　（海上保安庁提供）

▶CL77 むつかぜ　　　　（海上保安庁提供）

●釜石海上保安部

▶PM56 きたかみ　　　　　　（官野貴）

●宮古海上保安署

▶CL73 はつかぜ　　　　（海上保安庁提供）

●宮城海上保安部

▶PLH05 ざおう　　　　　（岩尾克治）

▶PL64 くりこま　　　　（海上保安庁提供）

▶PL74 まつしま　　　　　（岩尾克治）

▶PC127 うみぎり　　　　　（船元康子）

▶CL72 きじかぜ　　　　（海上保安庁提供）

099

宮城海上保安部

▶CL125 しらはぎ　　　（海上保安庁提供）

石巻海上保安署

▶CL59 しまかぜ　　　（海上保安庁提供）

▶SS70 ぺるせうす　　　（有澤豊彦）

気仙沼海上保安署

▶CL204 ささかぜ　　　（船元康子）

秋田海上保安部

▶PL42 でわ　　　（宮野貴）

▶PS20 しんざん　　　（海上保安庁提供）

▶CL144 すぎかぜ　　　（岩尾克治）

酒田海上保安部

▶PS201 つるぎ　　　（岩尾克治）

▶CL104 べにばな　　　（海上保安庁提供）

福島海上保安部

▶PM31 あぶくま　　　（海上保安庁提供）

▶PM58 なつい　　　　　　（海上保安庁提供）

▶CL58 てるかぜ　　　　　（海上保安庁提供）

▶SS33 すばる　　　　　　（海上保安庁提供）

▶MA861 はくたか１号　　（海上保安庁提供）

▶MA865 はくたか２号　　　　（有澤豊彦）

▶MA866 はくたか３号　　（海上保安庁提供）

▶MA871 あおばずく　　　　　　（KUSU）

▶MH965 うみすずめ１号　　　（小山信夫）

▶MH968 うみすずめ２号　　　（小山信夫）

▶SH181 おおるり１号　　　　（小山信夫）

●仙台航空基地

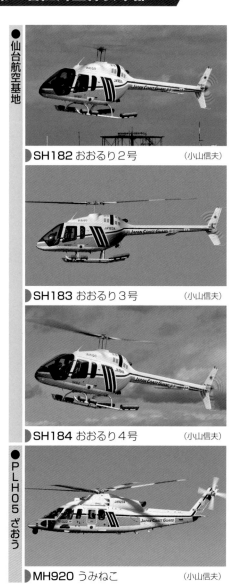

仙台航空基地

▶SH182 おおるり2号　　　(小山信夫)

▶SH183 おおるり3号　　　(小山信夫)

▶SH184 おおるり4号　　　(小山信夫)

●PLH05 ざおう

▶MH920 うみねこ　　　(小山信夫)

船艇・航空機配置図

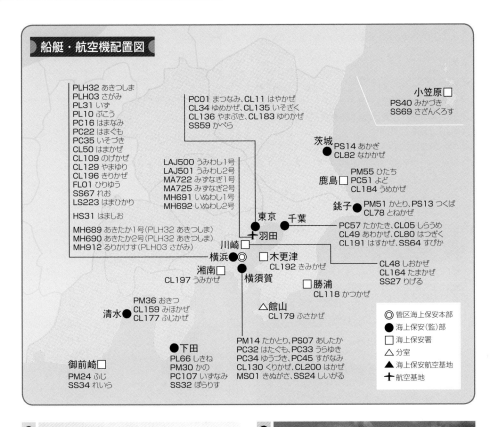

PLH32 あきつしま
PLH03 さがみ
PL31 いず
PL10 ぶこう
PC16 はまなみ
PC22 はまぐも
PC35 いそづき
CL50 はまかぜ
CL109 のげかぜ
CL129 やまゆり
CL196 きりかぜ
FL01 ひりゅう
SS67 れお
LS223 はまひかり
HS31 はましお

MH689 あきたか1号(PLH32 あきつしま)
MH690 あきたか2号(PLH32 あきつしま)
MH912 るりかけす(PLH03 さがみ)

PC01 まつなみ, CL11 はやかぜ
CL34 ゆめかぜ, CL135 いそざく
CL136 やまぶき, CL183 ゆりかぜ
SS59 かべら

LAJ500 うみわし1号
LAJ501 うみわし2号
MA722 みずなぎ1号
MA725 みずなぎ2号
MH691 いぬわし1号
MH692 いぬわし2号

東京　千葉

羽田

川崎□

横浜●◎

湘南□
CL197 うみかぜ

横須賀

小笠原□
PS40 みかづき
SS69 さざんくろす

茨城●　PS14 あかぎ
CL82 なかかぜ

鹿島□　PM55 ひたち
PC51 よど
CL184 うめかぜ

銚子●　PM51 かとり, PS13 つくば
CL78 とねかぜ

PC57 たかたき, CL05 しらうめ
CL49 あわかぜ, CL80 みつぐく
CL191 はすかぜ, SS64 すびか

CL48 しおかぜ
CL164 たまかぜ
SS27 りげる

□木更津
CL192 きみかぜ

□勝浦
CL118 かつかぜ

△館山
CL179 ふさかぜ

PM36 おきつ
清水●　CL159 みほかぜ
CL177 ふじかぜ

御前崎□
PM24 ふじ
SS34 れいら

●下田
PL66 しきね
PM30 かの
PC107 いずなみ
SS32 ぽらりす

PM14 たかとり, PS07 あしたか
PC32 はたぐも, PC33 うらゆき
PC34 ゆうづき, PC45 すがなみ
CL130 くりかぜ, CL200 はかぜ
MS01 きぬがさ, SS24 しいがる

◎ 管区海上保安本部
● 海上保安(監)部
□ 海上保安署
△ 分室
▲ 海上保安航空基地
十 航空基地

茨城海上保安部

▶ PS14 あかぎ　（海上保安庁提供）

▶ CL82 なかかぜ　（海上保安庁提供）

鹿島海上保安署

▶ PM55 ひたち　（海上保安庁提供）

▶ PC51 よど　（KUSU）

鹿島海上保安署

▶CL184 うめかぜ 　　　　（海上保安庁提供）

千葉海上保安部

▶PC57 たかたき 　　　　（海上保安庁提供）

▶CL05 しらうめ 　　　　（海上保安庁提供）

▶CL49 あわかぜ 　　　　（海上保安庁提供）

▶CL80 はつぎく 　　　　（有澤豊彦）

▶CL191 はすかぜ 　　　　（有澤豊彦）

▶SS64 すぴか 　　　　（有澤豊彦）

千葉海上保安部館山分室

▶CL179 ふさかぜ 　　　　（有澤豊彦）

木更津海上保安署

▶CL192 きみかぜ 　　　　（有澤豊彦）

銚子海上保安部

▶PM51 かとり 　　　　（有澤豊彦）

▶PS13 つくば　　　　　　　　（有澤豊彦）

▶CL34 ゆめかぜ　　　　　　　（海上保安庁提供）

▶CL78 とねかぜ　　　　　　　（海上保安庁提供）

▶CL135 いそぎく　　　　　　　（海上保安庁提供）

●勝浦海上保安署

▶CL118 かつかぜ　　　　　　　（有澤豊彦）

▶CL136 やまぶき　　　　　　　（有澤豊彦）

●東京海上保安部

▶PC01 まつなみ　　　　　　　（岩尾克治）

▶CL183 ゆりかぜ　　　　　　　（有澤豊彦）

▶CL11 はやかぜ　　　　　　　（船元康子）

▶SS59 かぺら　　　　　　　　（有澤豊彦）

横浜海上保安部

▶PLH32 あきつしま　　　　　　（岩尾克治）

▶PLH03 さがみ　　　　　　（海上保安庁提供）

▶PL31 いず　　　　　　　　　（岩尾克治）

▶PL10 ぶこう　　　　　　　　（有澤豊彦）

▶PC16 はまなみ　　　　　　（海上保安庁提供）

▶PC22 はまぐも　　　　　　　（岩尾克治）

▶PC35 いそづき　　　　　　　（有澤豊彦）

▶CL50 はまかぜ　　　　　　（海上保安庁提供）

▶CL109 のげかぜ　　　　　　（海上保安庁提供）

▶CL129 やまゆり　　　　　　　（有澤豊彦）

▶CL196 きりかぜ　　　　　　　　（岩尾克治）

▶CL164 たまかぜ　　　　　　　（海上保安庁提供）

▶FL01 ひりゅう　　　　　　　　（岩尾克治）

▶SS27 りげる　　　　　　　　　（有澤豊彦）

▶SS67 れお　　　　　　　　（海上保安庁提供）

●小笠原海上保安署

▶PS40 みかづき　　　　　　　　（船元康子）

▶LS223 はまひかり　　　　　　　（岩尾克治）

▶SS69 さざんくろす　　　　　（海上保安庁提供）

●川崎海上保安署

▶CL48 しおかぜ　　　　　　　（海上保安庁提供）

●横須賀海上保安部

▶PM14 たかとり　　　　　　　（海上保安庁提供）

●横須賀海上保安部

▶PS07 あしたか （岩尾克治）

▶CL130 くりかぜ （岩尾克治）

▶PC32 はたぐも （海上保安庁提供）

▶CL200 はかぜ （海上保安庁提供）

▶PC33 うらゆき （船元康子）

▶MS01 きぬがさ （海上保安庁提供）

▶PC34 ゆうづき （海上保安庁提供）

▶SS24 しいがる （海上保安庁提供）

▶PC45 すがなみ （船元康子）

●湘南海上保安署

▶CL197 うみかぜ （海上保安庁提供）

●清水海上保安部

▶PM36 おきつ　　　　　　　　（有澤豊彦）

▶CL159 みほかぜ　　　　　（海上保安庁提供）

▶CL177 ふじかぜ　　　　　　（船元康子）

●御前崎海上保安署

▶PM24 ふじ　　　　　　　　（有澤豊彦）

▶SS34 れいら　　　　　　　　（有澤豊彦）

●下田海上保安部

▶PL66 しきね　　　　　　　　（石川裕也）

▶PM30 かの　　　　　　　（海上保安庁提供）

▶PC107 いずなみ　　　　　（海上保安庁提供）

▶SS32 ぽらりす　　　　　　　（有澤豊彦）

●第三管区海上保安本部

▶HS31 はましお　　　　　　　（岩尾克治）

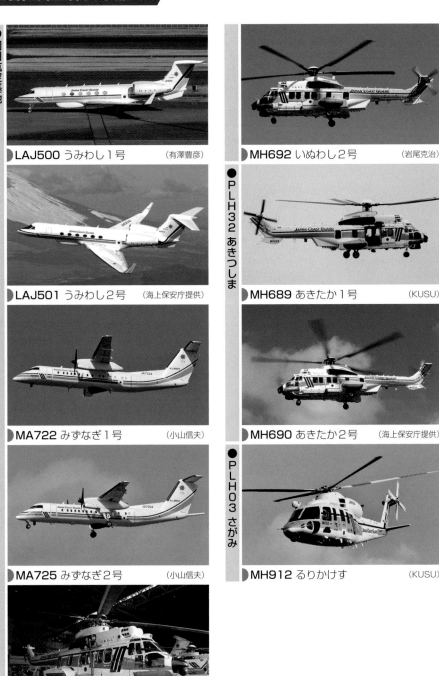

●羽田航空基地

▶LAJ500 うみわし1号　　　（有澤豊彦）

▶LAJ501 うみわし2号　　　（海上保安庁提供）

▶MA722 みずなぎ1号　　　（小山信夫）

▶MA725 みずなぎ2号　　　（小山信夫）

▶MH691 いぬわし1号　　　（海上保安庁提供）

▶MH692 いぬわし2号　　　（岩尾克治）

●PLH32 あきつしま

▶MH689 あきたか1号　　　（KUSU）

▶MH690 あきたか2号　　　（海上保安庁提供）

●PLH03 さがみ

▶MH912 るりかけす　　　（KUSU）

船艇・航空機配置図

PLH41 みずほ
PC23 あゆづき
CL13 しゃちかぜ
CL92 はるかぜ
CL140 ひだかぜ
CL174 みやかぜ
LM207 あやばね
SS60 さあべんす

HS25 いせしお

PC58 あおたき
CL93 さるびあ
CL160 いせぎく
SS79 べてるぎうす

◎名古屋　MH756 いせたか1号(PLH21 みずほ)
四日市●　MH906 いせたか2号(PLH21 みずほ)

□衣浦 CL181 きぬかぜ

PM28 いすず
PC17 しののめ
PC36 とばぎり
PC37 しまなみ
SS39 あくえりあす

▲中部空港　□三河 CL193 ひめかぜ

PC125 いせゆき

●鳥羽　MH960 かみたか1号
　　　　MH964 かみたか2号

PL68 すずか
CL116 みえかぜ
SS21 りぷら

尾鷲●　△浜島
　　　　CL203 いせかぜ

◎ 管区海上保安本部　△ 分室
● 海上保安(監)部　▲ 海上保安航空基地
□ 海上保安署　＋ 航空基地

●名古屋海上保安部

▶PLH41 みずほ　(岩尾克治)

▶CL13 しゃちかぜ　(船元康子)

▶PC23 あゆづき　(KUSU)

▶CL92 はるかぜ　(海上保安庁提供)

● 名古屋海上保安部

▶ CL140 ひだかぜ　　　（海上保安庁提供）

▶ CL174 みやかぜ　　　（船元康子）

▶ LM207 あやばね　　　（KUSU）

▶ SS60 さあぺんす　　　（KUSU）

● 衣浦海上保安署

▶ CL181 きぬかぜ　　　（有澤豊彦）

● 三河海上保安署

▶ CL193 ひめかぜ　　　（海上保安庁提供）

● 四日市海上保安部

▶ PC58 あおたき　　　（船元康子）

▶ CL93 さるびあ　　　（海上保安庁提供）

▶ CL160 いせぎく　　　（海上保安庁提供）

▶ SS79 ぺてるぎうす　　　（有澤豊彦）

尾鷲海上保安部

▶PL68 すずか　　　　　　　(KUSU)

▶CL116 みえかぜ　　　　(海上保安庁提供)

▶SS21 りぶら　　　　　　(有澤豊彦)

鳥羽海上保安部

▶PM28 いすず　　　　　(海上保安庁提供)

▶PC17 しののめ　　　　(海上保安庁提供)

▶PC36 とばぎり　　　　(海上保安庁提供)

▶PC37 しまなみ　　　　(海上保安庁提供)

▶SS39 あくえりあす　　　(有澤豊彦)

鳥羽海上保安部浜島分室

▶CL203 いせかぜ　　　　(船元康子)

中部空港海上保安航空基地

▶PC125 いせゆき　　　　(船元康子)

113

第四管区海上保安本部

中部空港海上保安航空基地

PLH41 みずほ

▶HS25 いせしお　　（海上保安庁提供）

▶MH756 いせたか1号　　（海上保安庁提供）

▶MH960 かみたか1号　　（小山信夫）

▶MH906 いせたか2号　　（海上保安庁提供）

▶MH964 かみたか2号　　（KUSU）

第五管区海上保安本部　5th Regional Coast Guard Headquarters

船艇・航空機配置図

PLH07 せっつ、PC18 はるなみ
PC40 あわぎり、PC55 ふどう
CL03 なだかぜ、CL06 まやざくら
CL14 きくかぜ、CL141 しらぎく
LM208 こううん、SS28 かすとる

HS23 うずしお

MH918 しらさぎ
（PLH07 せっつ）

PC54 ぬのびき
CL113 さぎかぜ
CL142 ひめざくら
CL201 ひめぎく
SS07 すこおびお

PS109 かつらぎ
CL08 よどぎく
CL137 みおかぜ
CL138 こまかぜ
CL165 てるぎく
SS23 あくありうす

姫路
加古川
CL187 まやかぜ

神戸
西宮
CL79 しずかぜ

大阪
堺
PC60 みのお
CL194 しぎかぜ
SS44 とりとん

岸和田 CL134 あやめ
関西空港

CL131 そらかぜ、CL176 さのゆり
GS01 はやて、GS02 らいでん

MA953 はやぶさ1号
MA954 はやぶさ2号
MH687 みみずく1号
MH688 みみずく2号

和歌山 PL73 きい
CL61 きいかぜ

海南
PC121 わかづき
SS74 あるでばらん

PM27 よしの
PS15 びざん
CL180 うすかぜ　徳島

美波
CL126 あしび

田辺 PM32 みなべ
PS12 こうや
CL121 むろかぜ

高知 PL08 とさ
PS18 さんれい
CL98 とさみずき

串本
PC102 むろづき

宿毛 PS09 あらせ

土佐清水 CL117 とさつばき

◎ 管区海上保安本部　△ 分室
● 海上保安（監）部　▲ 海上保安航空基地
□ 海上保安署　＋ 航空基地

●大阪海上保安監部

▶PS109 かつらぎ　（海上保安庁提供）

▶CL08 よどぎく　（岩尾克治）

▶CL137 みおかぜ　（海上保安庁提供）

▶CL138 こまかぜ　（KUSU）

大阪海上保安監部

CL165 てるぎく　　　　　(KUSU)

SS23 あくありうす　　(海上保安庁提供)

岸和田海上保安署

CL134 あやめ　　　　(海上保安庁提供)

堺海上保安署

PC60 みのお　　　　　　(KUSU)

CL194 しぎかぜ　　　　　(KUSU)

SS44 とりとん　　　　　(KUSU)

神戸海上保安部

PLH07 せっつ　　　　(岩尾克治)

PC18 はるなみ　　　　　(KUSU)

PC40 あわぎり　　　　(船元康子)

PC55 ふどう　　　　　(船元康子)

CL03 なだかぜ （海上保安庁提供）

SS28 かすとる （有澤豊彦）

西宮海上保安署

CL06 まやざくら （海上保安庁提供）

CL79 しずかぜ （KUSU）

姫路海上保安部

CL14 きくかぜ （船元康子）

PC54 ぬのびき （KUSU）

CL141 しらぎく （KUSU）

CL113 さぎかぜ （KUSU）

LM208 こううん （海上保安庁提供）

CL142 ひめざくら （KUSU）

姫路海上保安部

▶CL201 ひめぎく （船元康子）

▶PC121 わかづき （海上保安庁提供）

海南海上保安署

▶SS07 すこおぴお （KUSU）

▶SS74 あるでばらん （有澤豊彦）

加古川海上保安署

▶CL187 まやかぜ （海上保安庁提供）

▶PM32 みなべ （海上保安庁提供）

田辺海上保安部

和歌山海上保安部

▶PL73 きい （岩尾克治）

▶PS12 こうや （海上保安庁提供）

▶CL61 きいかぜ （海上保安庁提供）

▶CL121 むろかぜ （海上保安庁提供）

串本海上保安署

▶PC102 むろづき　　　　　（海上保安庁提供）

徳島海上保安部

▶PM27 よしの　　　　　（KUSU）

▶PS15 びざん　　　　　（KUSU）

▶CL180 うずかぜ　　　　（海上保安庁提供）

徳島海上保安部美波分室

▶CL126 あしび　　　　　（海上保安庁提供）

高知海上保安部

▶PL08 とさ　　　　　　（岩尾克治）

▶PS18 さんれい　　　　（海上保安庁提供）

▶CL98 とさみずき　　　　（有澤豊彦）

宿毛海上保安署

▶PS09 あらせ　　　　　（海上保安庁提供）

土佐清水海上保安署

▶CL117 とさつばき　　　　（海上保安庁提供）

119

関西空港海上保安航空基地

CL131 そらかぜ　(海上保安庁提供)

CL176 さのゆり　(有澤豊彦)

GS01 はやて　(有澤豊彦)

GS02 らいでん　(海上保安庁提供)

第五管区海上保安本部

HS23 うずしお　(KUSU)

関西空港海上保安航空基地

MA953 はやぶさ1号　(海上保安庁提供)

MA954 はやぶさ2号　(小山信夫)

MH687 みみずく1号　(海上保安庁提供)

MH688 みみずく2号　(KUSU)

PLH07 せっつ

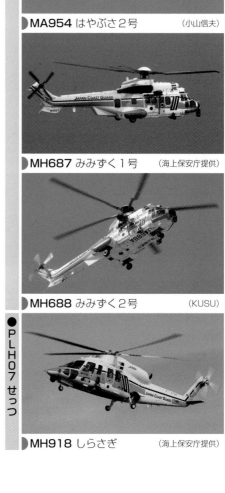

MH918 しらさぎ　(海上保安庁提供)

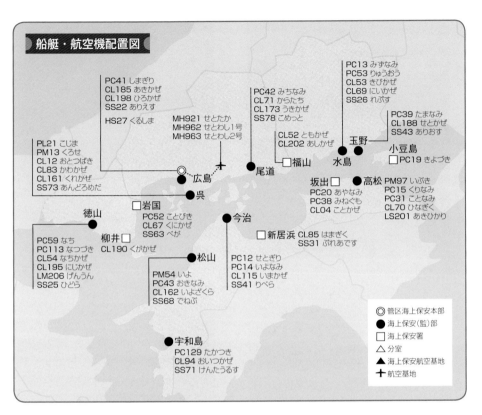

船艇・航空機配置図

PC41 しまぎり
CL185 あきかぜ
CL198 ひろかぜ
SS22 ありえす

HS27 くるしま

MH921 せとたか
MH962 せとわし1号
MH963 せとわし2号

PC42 みちなみ
CL71 からたち
CL173 うきかぜ
SS78 こめっと

PC13 みずなみ
PC53 りゅうおう
CL53 きびかぜ
CL69 にいかぜ
SS26 れぶす

PL21 こじま
PM13 くろせ
CL12 おとつばき
CL83 かわかぜ
CL161 くれかぜ
SS73 あんどろめだ

広島

呉

CL52 ともかぜ
CL202 あしかぜ

尾道

福山

水島

玉野

PC39 たまなみ
CL188 せとかぜ
SS43 ありおす

小豆島

PC19 きよづき

坂出

高松

PM97 いぶき
PC15 くりなみ
PC31 ことなみ
CL70 ひなぎく
LS201 あきひかり

徳山

岩国

PC52 ことびき
CL67 くにかぜ
SS63 べが

今治

PC20 あやなみ
PC38 みねぐも
CL04 ことかぜ

柳井

CL190 くがかぜ

新居浜

CL85 はまぎく
SS31 ぶれあです

PC59 なち
PC113 なつづき
CL54 なちかぜ
CL195 にじかぜ
LM206 げんうん
SS25 ひどら

松山

PM54 いよ
PC43 おきなみ
CL162 いよざくら
SS68 でねぶ

PC12 せとぎり
PC14 いよなみ
CL115 いまかぜ
SS41 りべら

宇和島
PC129 たかつき
CL94 おいつかぜ
SS71 けんたうるす

◎ 管区海上保安本部
● 海上保安（監）部
□ 海上保安署
△ 分室
▲ 海上保安航空基地
✛ 航空基地

●水島海上保安部

▶PC13 みずなみ　　　（海上保安庁提供）

▶PC53 りゅうおう　　　（KUSU）

▶CL53 きびかぜ　　　（有澤豊彦）

▶CL69 にいかぜ　　　（有澤豊彦）

水島海上保安部

▶SS26 れぷす　　　　　（有澤豊彦）

玉野海上保安部

▶PC39 たまなみ　　　　（有澤豊彦）

▶CL188 せとかぜ　　　（海上保安庁提供）

▶SS43 ありおす　　　　（有澤豊彦）

広島海上保安部

▶PC41 しまぎり　　　　（船元康子）

▶CL185 あきかぜ　　　（海上保安庁提供）

▶CL198 ひろかぜ　　　　（官野貴）

▶SS22 ありえす　　　　（有澤豊彦）

柳井海上保安署

▶CL190 くがかぜ　　　　（船元康子）

岩国海上保安署

▶PC52 ことびき　　　　（岩尾克治）

CL67 くにかぜ （有澤豊彦）

CL83 かわかぜ （海上保安庁提供）

SS63 べが （有澤豊彦）

CL161 くれかぜ （岩尾克治）

呉海上保安部

PL21 こじま （岩尾克治）

SS73 あんどろめだ （有澤豊彦）

尾道海上保安部

PM13 くろせ （海上保安庁提供）

PC42 みちなみ （船元康子）

CL12 おとつばき （船元康子）

CL71 からたち （KUSU）

123

尾道海上保安部

▶CL173 うきかぜ　　　　　　　　　(KUSU)

▶SS78 こめっと　　　　　　　　　(KUSU)

福山海上保安署

▶CL52 ともかぜ　　　　　　(海上保安庁提供)

▶CL202 あしかぜ　　　　　　　　(官野貴)

徳山海上保安部

▶PC59 なち　　　　　　　　　　(官野貴)

▶PC113 なつづき　　　　　　　(有澤豊彦)

▶CL54 なちかぜ　　　　　　(海上保安庁提供)

▶CL195 にじかぜ　　　　　　　　(KUSU)

▶LM206 げんうん　　　　　(海上保安庁提供)

▶SS25 ひどら　　　　　　　　(有澤豊彦)

●高松海上保安部

▶PM97 いぶき （官野貴）

▶PC15 くりなみ （海上保安庁提供）

▶PC31 ことなみ （海上保安庁提供）

▶CL70 ひなぎく （海上保安庁提供）

▶LS201 あきひかり （海上保安庁提供）

●小豆島海上保安署

▶PC19 きよづき （海上保安庁提供）

●坂出海上保安署

▶PC20 あやなみ （海上保安庁提供）

▶PC38 みねぐも （有澤豊彦）

▶CL04 ことかぜ （有澤豊彦）

●松山海上保安部

▶PM54 いよ （有澤豊彦）

松山海上保安部

▶PC43 おきなみ　　　　　　　　　　(KUSU)

▶CL162 いよざくら　　　　　　(海上保安庁提供)

▶SS68 でねぶ　　　　　　　　(有澤豊彦)

今治海上保安部

▶PC12 せとぎり　　　　　　　　　　(KUSU)

▶PC14 いよなみ　　　　　　(海上保安庁提供)

▶CL115 いまかぜ　　　　　　(海上保安庁提供)

▶SS41 りべら　　　　　　　　(有澤豊彦)

新居浜海上保安署

▶CL85 はまぎく　　　　　　(海上保安庁提供)

▶SS31 ぷれあです　　　　　　(有澤豊彦)

宇和島海上保安部

▶PC129 たかつき　　　　　　(船元康子)

▶CL94 おいつかぜ　　　（海上保安庁提供）

▶MH963 せとわし２号　　　（小山信夫）

▶SS71 けんたうるす　　　（有澤豊彦）

●第六管区海上保安本部

▶HS27 くるしま　　　（KUSU）

●広島航空基地

▶MH921 せとたか　　　（小山信夫）

▶MH962 せとわし１号　　　（小山信夫）

船艇・航空機配置図

□比田勝 PC105 はやぐも
PC110 あきぐも
SS66 たうらす

PM38 おおみ
CL107 さざんか 仙崎　萩 PC111 はぎなみ

PS06 らいざん　対馬
PS19 あさじ
PC109 なつぐも
SS65 りんくす

PC21 ときなみ
CL168 やまぎく
SS35 ぼるっくす

MAJ575 わかたか1号
MAJ576 わかたか2号
MAJ577 わかたか3号
MA868 うみかもめ1号
MA870 うみかもめ2号
SA391 あまつばめ1号
SA392 あまつばめ2号
SA393 あまつばめ3号
SA394 あまつばめ4号
SA395 あまつばめ5号
MH966 はまちどり1号
MH969 はまちどり2号

CL87 わかかぜ
CL99 もくれん
CL105 やまざくら
CL178 たかかぜ

CL86 おさかぜ
CL146 ひこかぜ 下関　宇部

門司
北九州

若松

壱岐 □PC112 いきぐも　CL51 みやぎく 苅田

PM33 まつうら
PC108 やえぐも
CL163 まつかぜ

福岡

平戸□
CL106 かいどう

唐津
伊万里
CL90 ゆみかぜ

PL09 くにさき、PM26 きくち
PC11 はやなみ、PC25 ともなみ
CL07 はやぎく、CL56 はたかぜ
CL84 きよかぜ、CL145 さとざくら
CL186 もじかぜ、LS222 しまひかり
HS26 はやしお

PM29 やまくに
PC24 ゆふぎり
CL57 せきかぜ
CL189 ぶんごうめ
SS02 びいなす

大分

佐世保●
PM34 ちくご
PM95 あまみ
CL123 つばき
CL132 むらかぜ
CL133 あいかぜ
CL169 ことざくら
MS02 さいかい

PLH22 やしま、PL41 あそ
PM25 むろみ、PC106 むらくも
CL09 とびうめ、CL95 こちかぜ
CL122 ふよう

三池
CL88 いけかぜ
CL127 すいれん

CL199 とよかぜ
△津久見

□佐伯
CL100 さちかぜ

MH795 はなみどり1号（PLH22 やしま）
MH908 はなみどり2号（PLH22 やしま）

□五島
PM22 ふくえ
CL63 みねかぜ
CL205 なるかぜ

長崎●
PL05 でじま
PS206 ほうおう
CL62 いきかぜ
CL89 のもかぜ
CL128 こうばい

◎管区海上保安本部　△分室
●海上保安（監）部　▲海上保安航空基地
□海上保安署　　＋航空基地

仙崎海上保安部 ▶PM38 おおみ　（海上保安庁提供）

萩海上保安署 ▶PC111 はぎなみ　（海上保安庁提供）

▶CL107 さざんか　（海上保安庁提供）

門司海上保安部 ▶PL09 くにさき　（有澤豊彦）

▶PM26 きくち　　　（海上保安庁提供）

▶PC11 はやなみ　　　（海上保安庁提供）

▶PC25 ともなみ　　　（海上保安庁提供）

▶CL07 はやぎく　　　（海上保安庁提供）

▶CL56 はたかぜ　　　（海上保安庁提供）

▶CL84 きよかぜ　　　（海上保安庁提供）

▶CL145 さとざくら　　　（海上保安庁提供）

▶CL186 もじかぜ　　　（海上保安庁提供）

▶LS222 しまひかり　　　（海上保安庁提供）

●苅田海上保安署

▶CL51 みやぎく　　　（海上保安庁提供）

下関海上保安署

▶CL86 おさかぜ　　　　　　（海上保安庁提供）

▶CL146 ひこかぜ　　　　　　（海上保安庁提供）

宇部海上保安署

▶PC21 ときなみ　　　　　　（海上保安庁提供）

▶CL168 やまぎく　　　　　　（海上保安庁提供）

▶SS35 ぽるっくす　　　　　　（有澤豊彦）

若松海上保安部

▶CL87 わかかぜ　　　　　　（KUSU）

▶CL99 もくれん　　　　　　（海上保安庁提供）

▶CL105 やまざくら　　　　　（海上保安庁提供）

▶CL178 たかかぜ　　　　　　（海上保安庁提供）

福岡海上保安部

▶PLH22 やしま　　　　　　（岩尾克治）

▶ PL41 あそ (岩尾克治)

▶ PM25 むろみ (有澤豊彦)

▶ PC106 むらくも (有澤豊彦)

▶ CL09 とびうめ (KUSU)

▶ CL95 こちかぜ (KUSU)

● 三池海上保安部

▶ CL122 ふよう (海上保安庁提供)

▶ CL88 いけかぜ (海上保安庁提供)

▶ CL127 すいれん (海上保安庁提供)

● 唐津海上保安部

▶ PM33 まつうら (海上保安庁提供)

▶ PC108 やえぐも (KUSU)

唐津海上保安部

▶CL163 まつかぜ　　　（海上保安庁提供）

壱岐海上保安署

▶PC112 いきぐも　　　（海上保安庁提供）

伊万里海上保安署

▶CL90 ゆみかぜ　　　（海上保安庁提供）

長崎海上保安部

▶PL05 でじま　　　（海上保安庁提供）

▶PS206 ほうおう　　　（海上保安庁提供）

▶CL62 いきかぜ　　　（海上保安庁提供）

▶CL89 のもかぜ　　　（海上保安庁提供）

▶CL128 こうばい　　　（海上保安庁提供）

五島海上保安署

▶PM22 ふくえ　　　（海上保安庁提供）

▶CL63 みねかぜ　　　（海上保安庁提供）

▶CL205 なるかぜ　　　　　　　（有澤豊彦）

▶CL133 あいかぜ　　　　　　　（海上保安庁提供）

▶PM34 ちくご　　　　　　　　（海上保安庁提供）

▶CL169 ことざくら　　　　　　（海上保安庁提供）

▶PM95 あまみ　　　　　　　　（官野貴）

▶MS02 さいかい　　　　　　　（官野貴）

▶CL123 つばき　　　　　　　　（海上保安庁提供）

▶CL106 かいどう　　　　　　　（海上保安庁提供）

▶CL132 むらかぜ　　　　　　　（海上保安庁提供）

▶PS06 らいざん　　　　　　　　（KUSU）

●佐世保海上保安部

●平戸海上保安署

●対馬海上保安部

● 対馬海上保安部

▶PS19 あさじ　　　　　　（海上保安庁提供）

▶PC109 なつぐも　　　　　　（岩尾克治）

▶SS65 りんくす　　　　　　（岩尾克治）

● 比田勝海上保安署

▶PC105 はやぐも　　　　　　（海上保安庁提供）

▶PC110 あきぐも　　　　　　（海上保安庁提供）

▶SS66 たうらす　　　　　　（海上保安庁提供）

● 大分海上保安部

▶PM29 やまくに　　　　　　（海上保安庁提供）

▶PC24 ゆふぎり　　　　　　（海上保安庁提供）

▶CL57 せきかぜ　　　　　　（海上保安庁提供）

▶CL189 ぶんごうめ　　　　　　（船元康子）

▶SS02 びいなす　　　　　（有澤豊彦）

▶CL199 とよかぜ　　　　　（KUSU）

▶CL100 さちかぜ　　　　（海上保安庁提供）

▶HS26 はやしお　　　　（海上保安庁提供）

▶MAJ575 わかたか１号　　（海上保安庁提供）

▶MAJ576 わかたか２号　　（海上保安庁提供）

▶MAJ577 わかたか３号　　（小山信夫）

▶MA868 うみかもめ１号　　（小山信夫）

▶MA870 うみかもめ２号　　（海上保安庁提供）

▶SA391 あまつばめ１号　　（小山信夫）

●北九州航空基地

▶SA392 あまつばめ2号　　　　（小山信夫）

▶SA393 あまつばめ3号　　　　（小山信夫）

▶SA394 あまつばめ4号　　　　（小山信夫）

▶SA395 あまつばめ5号　　　　（小山信夫）

▶MH966 はまちどり1号　　　　（KUSU）

●PLH22 やしま

▶MH969 はまちどり2号　　　　（KUSU）

▶MH795 はなみどり1号　（海上保安庁提供）

▶MH908 はなみどり2号　（海上保安庁提供）

船艇・航空機配置図

□ 隠岐 PS10 さんべ

□ 福井
PC128 あさぎり

PL53 きそ
PL01 おき
CL110 やえざくら
CL148 みほぎく

境

✛ 美保

鳥取
□
CL64 とりかぜ

香住 PC119 こまゆき

宮津 □
CL65 あまかぜ

◎ 舞鶴

敦賀 □
PL91 つるが
PL92 えちぜん
PS202 ほたか
CL147 すいせん

小浜 □
CL66 あおかぜ

浜田
● PL71 いわみ
PS205 あさま
CL111 やなかぜ

MA726 みほわし1号
MA728 みほわし2号
MH961 みほづる1号
MH973 みほづる2号

PLH10 だいせん
PLH21 ふそう
PL22 みうら
PL93 わかさ
CL74 ゆらかぜ
CL108 あおい
あおば
CI・CII

MH914 まいづる
(PLH10 だいせん)

◎ 管区海上保安本部
● 海上保安（監）部
□ 海上保安署
△ 分室
▲ 海上保安航空基地
✛ 航空基地

●敦賀海上保安部

▶PL91 つるが　　　　　　（井上孝司）

▶PL92 えちぜん　　　　　（有澤豊彦）

▶PS202 ほたか　　　　　（岩尾克治）

▶CL147 すいせん　　　　（有澤豊彦）

小浜海上保安署

▶CL66 あおかぜ　　　　　（海上保安庁提供）

福井海上保安署

▶PC128 あさぎり　　　　　（船元康子）

舞鶴海上保安部

▶PLH21 ふそう　　　　　（井上孝司）

▶PLH10 だいせん　　　　　（岩尾克治）

▶PL22 みうら　　　　　（井上孝司）

▶PL93 わかさ　　　　　（井上孝司）

▶CL74 ゆらかぜ　　　　　（有澤豊彦）

▶CL108 あおい　　　　　（KUSU）

▶あおば　　　　　（岩尾克治）

▶CⅠ（前）・CⅡ（後）　　　　　（岩尾克治）

宮津海上保安署

CL65 あまかぜ　　　（海上保安庁提供）

香住海上保安署

PC119 こまゆき　　　（海上保安庁提供）

境海上保安部

PL53 きそ　　　（井上孝司）

PL01 おき　　　（井上孝司）

CL110 やえざくら　　　（海上保安庁提供）

CL148 みほぎく　　　（海上保安庁提供）

鳥取海上保安署

CL64 とりかぜ　　　（海上保安庁提供）

隠岐海上保安署

PS10 さんべ　　　（海上保安庁提供）

浜田海上保安部

PL71 いわみ　　　（海上保安庁提供）

PS205 あさま　　　（海上保安庁提供）

浜田海上保安部

▶CL111 やなかぜ　　　（海上保安庁提供）

● PLH10 だいせん

▶MH914 まいづる　　　（小山信夫）

● 美保航空基地

▶MA726 みほわし1号　　（海上保安庁提供）

▶MA728 みほわし2号　　（海上保安庁提供）

▶MH961 みほづる1号　　（小山信夫）

▶MH973 みほづる2号　　（海上保安庁提供）

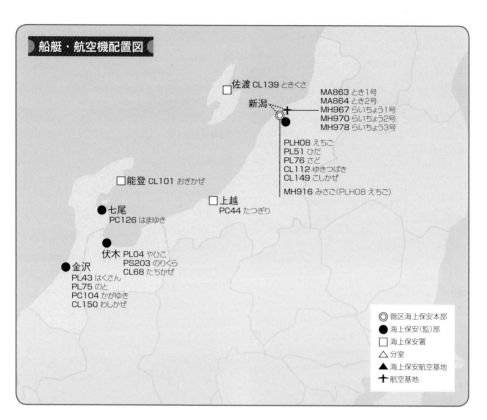

船艇・航空機配置図

佐渡 CL139 ときくさ

新潟

MA863 とき1号
MA864 とき2号
MH967 らいちょう1号
MH970 らいちょう2号
MH978 らいちょう3号

PLH08 えちご
PL51 ひだ
PL76 さど
CL112 ゆきつばき
CL149 こしかぜ

MH916 みさご(PLH08 えちご)

能登 CL101 おぎかぜ

上越
PC44 たつぎり

七尾
PC126 はまゆき

伏木 PL04 やひこ
PS203 のりくら
CL68 たちかぜ

金沢
PL43 はくさん
PL75 のと
PC104 かがゆき
CL150 わしかぜ

◎ 管区海上保安本部
● 海上保安(監)部
□ 海上保安署
△ 分室
▲ 海上保安航空基地
✛ 航空基地

新潟海上保安部

▶PLH08 えちご　　　（海上保安庁提供）

▶PL51 ひだ　　　（岩尾克治）

▶PL76 さど　　　（小山信夫）

▶CL112 ゆきつばき　　　（岩尾克治）

新潟海上保安部

▶CL149 こしかぜ　　　　　　（岩尾克治）

▶CL68 たちかぜ　　　　　　（海上保安庁提供）

佐渡海上保安署

▶CL139 ときくさ　　　　　（海上保安庁提供）

金沢海上保安部

▶PL43 はくさん　　　　　　（海上保安庁提供）

上越海上保安署

▶PC44 たつぎり　　　　　（海上保安庁提供）

▶PL75 のと　　　　　　　（海上保安庁提供）

伏木海上保安部

▶PL04 やひこ　　　　　　　（岩尾克治）

▶PC104 かがゆき　　　　　（有澤豊彦）

▶PS203 のりくら　　　　　（岩尾克治）

▶CL150 わしかぜ　　　　　（海上保安庁提供）

七尾海上保安部

▶PC126 はまゆき　　　　(船元康子)

能登海上保安署

▶CL101 おぎかぜ　　　　(海上保安庁提供)

新潟航空基地

▶MA863 とき1号　　　　(小山信夫)

MA864 とき2号　　　　(海上保安庁提供)

▶MH967 らいちょう1号　　(小山信夫)

▶MH970 らいちょう2号　　(小山信夫)

▶MH978 らいちょう3号　(海上保安庁提供)

PLH08 えちご

▶MH916 みさご　　　　(小山信夫)

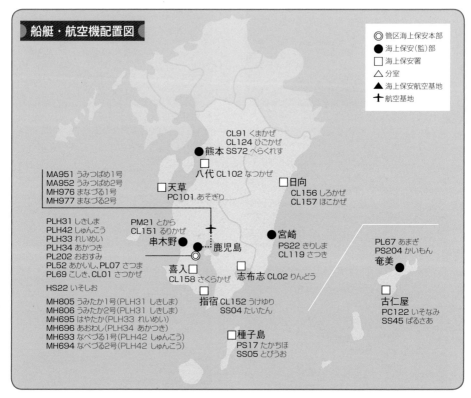

船艇・航空機配置図

◎ 管区海上保安本部
● 海上保安(監)部
□ 海上保安署
△ 分室
▲ 海上保安航空基地
✚ 航空基地

CL91 くまかぜ
CL124 ひごかぜ

● 熊本 SS72 へらくれす

MA951 うみつばめ1号
MA952 うみつばめ2号
MH976 まなづる1号
MH977 まなづる2号

八代 CL102 なつかぜ

□ 天草
PC101 あそぎり

□ 日向
CL156 しろかぜ
CL157 ほこかぜ

PLH31 しきしま
PLH42 しゅんこう
PLH33 れいめい
PLH34 あかつき
PL202 おおすみ
PL52 あかいし、PL07 さつま
PL69 こしき、CL01 さつかぜ

PM21 とから
CL151 るりかぜ
串木野 ●
鹿児島

● 宮崎
PS22 きりしま
CL119 さつき

PL67 あまぎ
PS204 かいもん

奄美

HS22 いそしお

喜入 □
CL158 さくらかぜ

志布志 CL02 りんどう

□
古仁屋
PC122 いそなみ
SS45 ばるさあ

MH805 うみたか1号(PLH31 しきしま)
MH806 うみたか2号(PLH31 しきしま)
MH695 はやたか(PLH33 れいめい)
MH696 あおわし(PLH34 あかつき)
MH693 なべづる1号(PLH42 しゅんこう)
MH694 なべづる2号(PLH42 しゅんこう)

指宿 CL152 うけゆり
SS04 たいたん

□ 種子島
PS17 たかちほ
SS05 とびうお

●熊本海上保安部

▶CL91 くまかぜ　　　（海上保安庁提供）

▶SS72 へらくれす　　　（有澤豊彦）

▶CL124 ひごかぜ　　　（海上保安庁提供）

●八代海上保安署

▶CL102 なつかぜ　　　（海上保安庁提供）

天草海上保安署

▶PC101 あそぎり　　　（海上保安庁提供）

宮崎海上保安部

▶PS22 きりしま　　　（海上保安庁提供）

▶CL119 さつき　　　（海上保安庁提供）

日向海上保安署

▶CL156 しろかぜ　　　（海上保安庁提供）

▶CL157 ほこかぜ　　　（海上保安庁提供）

鹿児島海上保安部

▶PLH31 しきしま　　　（岩尾克治）

▶PLH42 しゅんこう　　　（岩尾克治）

▶PLH33 れいめい　　　（岩尾克治）

▶PLH34 あかつき　　　（岩尾克治）

▶PL202 おおすみ　　　（海上保安庁提供）

●鹿児島海上保安部

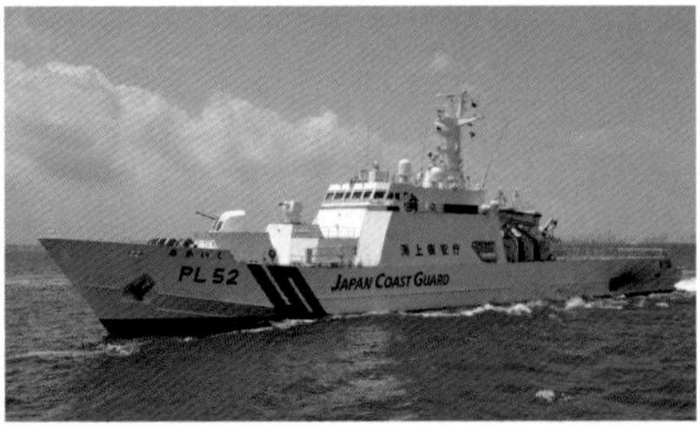

▶PL52 あかいし （官野貴）

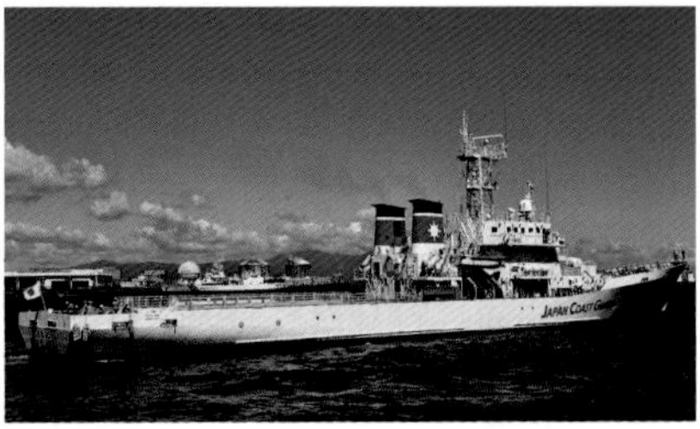

▶PL07 さつま （KUSU）

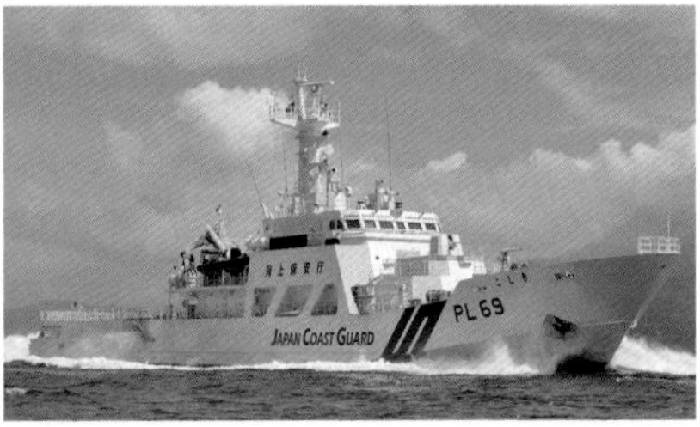

▶PL69 こしき （岩尾克治）

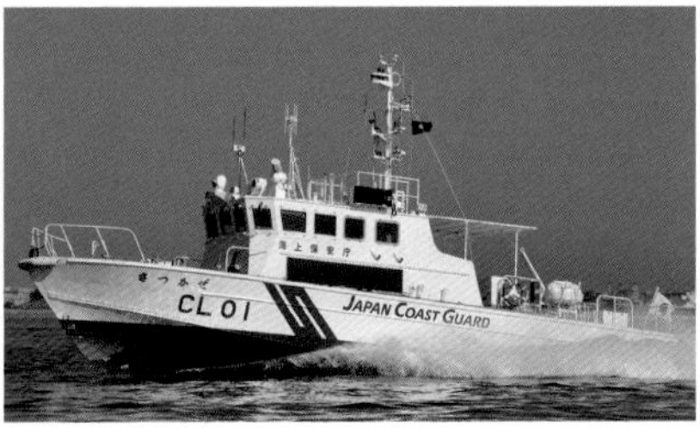

▶CL01 さつかぜ （船元康子）

●喜入海上保安署

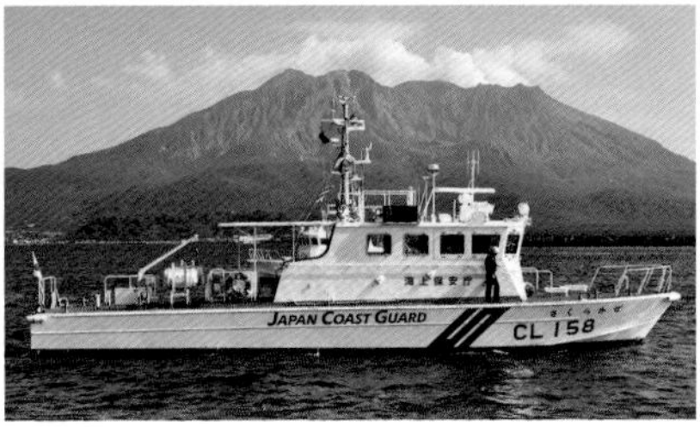

▶CL158 さくらかぜ （KUSU）

●志布志海上保安署

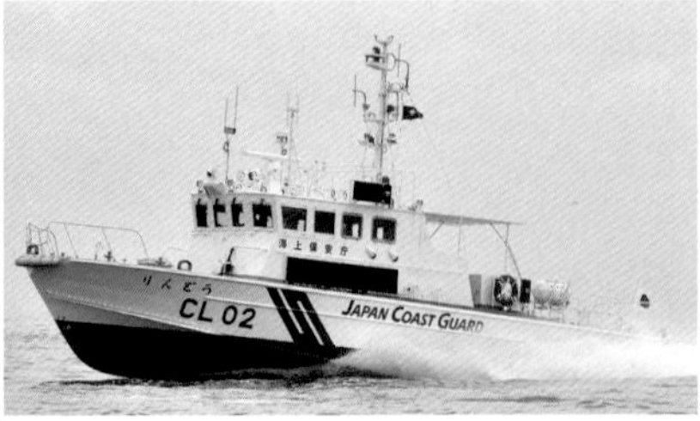

▶CL02 りんどう （船元康子）

●指宿海上保安署

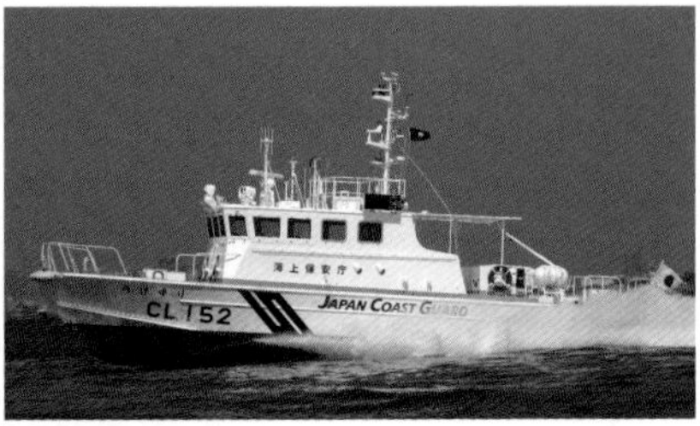

▶CL152 うけゆり （船元康子）

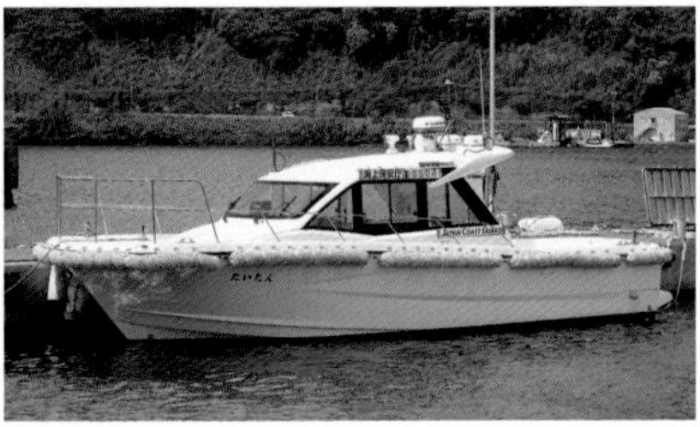

▶SS04 たいたん （有澤豊彦）

●種子島海上保安署

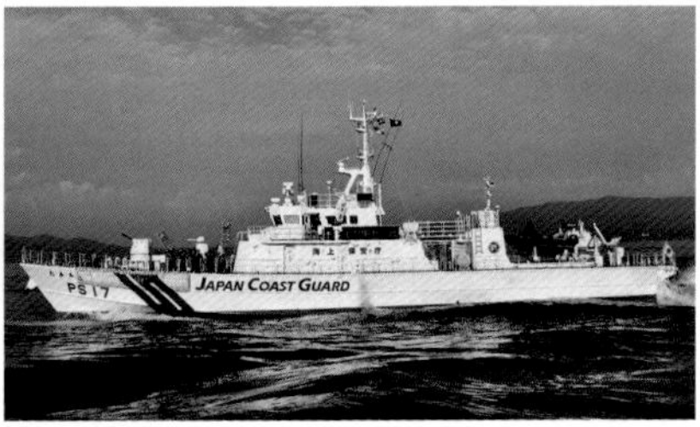

▶PS17 たかちほ （KUSU）

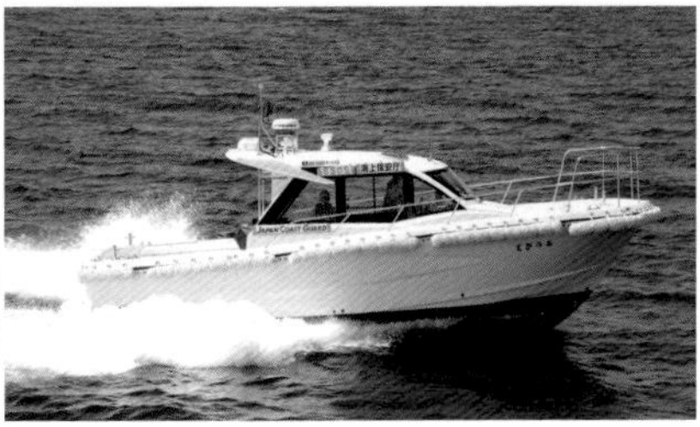

▶SS05 とびうお （海上保安庁提供）

串木野海上保安部

PM21 とから　　　　　　（官野貴）

CL151 るりかぜ　　　　（海上保安庁提供）

奄美海上保安部

PL67 あまぎ　　　　　　（岩尾克治）

PS204 かいもん　　　　（海上保安庁提供）

古仁屋海上保安署

PC122 いそなみ　　　　（船元康子）

SS45 ぱるさあ　　　　　（有澤豊彦）

第十管区海上保安本部

HS22 いそしお　　　　　（KUSU）

鹿児島航空基地

MA951 うみつばめ１号　（海上保安庁提供）

MA952 うみつばめ２号　（KUSU）

MH976 まなづる１号　　（有澤豊彦）

147

鹿児島航空基地

▶MH977 まなづる2号　（海上保安庁提供）

PLH31 しきしま

▶MH805 うみたか1号　（海上保安庁提供）

▶MH806 うみたか2号　（海上保安庁提供）

PLH33 れいめい

▶MH695 はやたか　（海上保安庁提供）

PLH34 あかつき

▶MH696 あおわし　（海上保安庁提供）

PLH42 しゅんこう

▶MH693 なべづる1号　（海上保安庁提供）

▶MH694 なべづる2号　（海上保安庁提供）

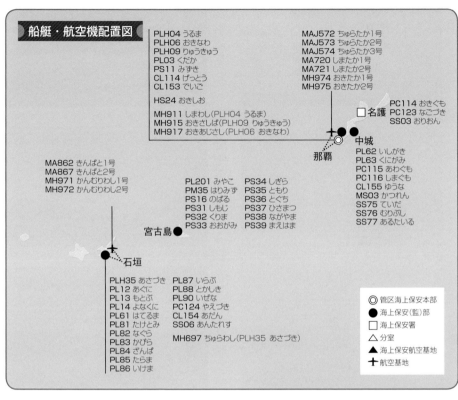

船艇・航空機配置図

PLH04 うるま
PLH06 おきなわ
PLH09 りゅうきゅう
PLO3 くだか
PS11 みずき
CL114 げっとう
CL153 でいご

HS24 おきしお

MH911 しまわし(PLH04 うるま)
MH915 おきさしば(PLH09 りゅうきゅう)
MH917 おきあじさし(PLH06 おきなわ)

MAJ572 ちゅらたか1号
MAJ573 ちゅらたか2号
MAJ574 ちゅらたか3号
MA720 しまたか1号
MA721 しまたか2号
MH974 おきたか1号
MH975 おきたか2号

□ 名護　PC114 おきぐも
　　　　 PC123 なごづき
　　　　 SS03 おりおん

◎ 中城
那覇

PL62 いしがき
PL63 くにがみ
PC115 あわぐも
PC116 しまぐも
CL155 ゆうな
MS03 かつれん
SS75 ていだ
SS76 むりぶし
SS77 あるたいる

MA862 きんばと1号
MA867 きんばと2号
MH971 かんむりわし1号
MH972 かんむりわし2号

PL201 みやこ
PM35 はりみず
PS16 のばる
PS31 しもじ
PS32 くりま
PS33 おおがみ

PS34 しぎら
PS35 ともり
PS36 とぐち
PS37 ひさまつ
PS38 ながやま
PS39 まえはま

宮古島●

石垣

PLH35 あさづき
PL12 あぐに
PL13 もとぶ
PL14 よなくに
PL61 はてるま
PL81 たけとみ
PL82 なぐら
PL83 かびら
PL84 ざんぱ
PL85 たらま
PL86 いけま

PL87 いらぶ
PL88 とかしき
PL90 いぜな
PC124 やえづき
CL154 あだん
SS06 あんたれす

MH697 ちゅらわし(PLH35 あさづき)

◎ 管区海上保安本部
● 海上保安(監)部
□ 海上保安署
△ 分室
▲ 海上保安航空基地
✚ 航空基地

●那覇海上保安部

▶PLH04 うるま　（海上保安庁提供）

▶PLH09 りゅうきゅう　（岩尾克治）

▶PLH06 おきなわ　（海上保安庁提供）

▶PLO3 くだか　（海上保安庁提供）

那覇海上保安部

▶PS11 みずき　　　　　　（海上保安庁提供）

▶CL114 げっとう　　　　　（海上保安庁提供）

▶CL153 でいご　　　　　　（海上保安庁提供）

名護海上保安署

▶PC114 おきぐも　　　　　（海上保安庁提供）

▶PC123 なごづき　　　　　　（船元康子）

▶SS03 おりおん　　　　　　（有澤豊彦）

中城海上保安部

▶PL62 いしがき　　　　　　　（官野貴）

▶PL63 くにがみ　　　　　　（海上保安庁提供）

▶PC115 あわぐも　　　　　（海上保安庁提供）

▶PC116 しまぐも　　　　　（海上保安庁提供）

石垣海上保安部

▶CL155 ゆうな　　　　　　　（海上保安庁提供）

▶MS03 かつれん　　　　　　　　　　（KUSU）

▶SS75 ていだ　　　　　　　　（有澤豊彦）

▶SS76 むりぶし　　　　　　　（有澤豊彦）

▶SS77 あるたいる　　　　　　（有澤豊彦）

▶PLH35 あさづき　　　　　　（海上保安庁提供）

▶PL12 あぐに　　　　　　　　（海上保安庁提供）

▶PL13 もとぶ　　　　　　　　　（岩尾克治）

▶PL14 よなくに　　　　　　　（海上保安庁提供）

▶PL61 はてるま　　　　　　　　　　（KUSU）

●石垣海上保安部

▶PL81 たけとみ　　　　　　　（岩尾克治）

▶PL82 なぐら　　　　　　　　（岩尾克治）

▶PL83 かびら　　　　　　　　（菅野貴）

▶PL84 ざんぱ　　　　　　　　（岩尾克治）

▶PL85 たらま　　　　　　（海上保安庁提供）

▶PL86 いけま　　　　　　（海上保安庁提供）

▶PL87 いらぶ　　　　　　（海上保安庁提供）

▶PL88 とかしき　　　　　（海上保安庁提供）

▶PL90 いぜな　　　　　　　　（岩尾克治）

▶PC124 やえづき　　　　　（海上保安庁提供）

▶CL154 あだん　　(海上保安庁提供)

▶PS31 しもじ　　(船元康子)

▶SS06 あんたれす　　(有澤豊彦)

▶PS32 くりま　　(船元康子)

●宮古島海上保安部

▶PL201 みやこ　　(岩尾克治)

▶PS33 おおがみ　　(有澤豊彦)

▶PM35 はりみず　　(岩尾克治)

▶PS34 しぎら　　(船元康子)

▶PS16 のばる　　(海上保安庁提供)

▶PS35 ともり　　(岩尾克治)

宮古島海上保安部

▶PS36 とぐち　　　　　　（海上保安庁提供）

▶PS37 ひさまつ　　　　　　（有澤豊彦）

▶PS38 ながやま　　　　　　（有澤豊彦）

▶PS39 まえはま　　　　　　（有澤豊彦）

第十一管区海上保安本部

▶HS24 おきしお　　　　　　（海上保安庁提供）

那覇航空基地

▶MAJ572 ちゅらたか１号　　　（有澤豊彦）

▶MAJ573 ちゅらたか２号　（海上保安庁提供）

▶MAJ574 ちゅらたか３号　（海上保安庁提供）

▶MA720 しまたか１号　　　（海上保安庁提供）

▶MA721 しまたか２号　　　（海上保安庁提供）

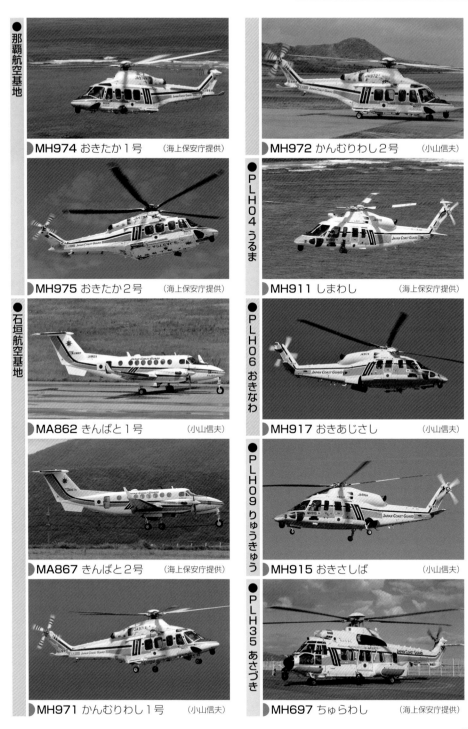

● 那覇航空基地

▶MH974 おきたか1号　（海上保安庁提供）

▶MH972 かんむりわし2号　（小山信夫）

▶MH975 おきたか2号　（海上保安庁提供）

● PLH04 うるま
▶MH911 しまわし　（海上保安庁提供）

● 石垣航空基地

▶MA862 きんばと1号　（小山信夫）

● PLH06 おきなわ
▶MH917 おきあじさし　（小山信夫）

▶MA867 きんばと2号　（海上保安庁提供）

● PLH09 りゅうきゅう
▶MH915 おきさしば　（小山信夫）

▶MH971 かんむりわし1号　（小山信夫）

● PLH35 あさづき
▶MH697 ちゅらわし　（海上保安庁提供）

本庁海洋情報部

▶HL11 平洋　　　　　　　（海上保安庁提供）

▶HL12 光洋　　　　　　　（岩尾克治）

▶HL01 昭洋　　　　　　　（海上保安庁提供）

▶HL02 拓洋　　　　　　　（海上保安庁提供）

▶HL03 明洋　　　　　　　（海上保安庁提供）

▶HL04 天洋　　　　　　　（KUSU）

▶HL05 海洋　　　　　　　（井上孝司）

▶HS11 じんべい　　　　　（海上保安庁提供）

尖閣諸島付近の領海警備にあたる巡視船「りゅうきゅう」（海上保安庁提供）

海上保安庁アーカイブズ
ARCHIVES

海上保安庁における周辺諸国対応年代記<ruby>クロニクル</ruby>
1895—2021

環太平洋諸国およびその他主要国の海上保安組織一覧

APAN COAST GUARD

海上保安庁における周辺諸国対応年代記（クロニクル）

甲斐賢一郎

（海上保安大学校本科卒第 23 期、株式会社 海　常務取締役）

　表題の年代記（クロニクル）とは、歴史上の出来事を著者の私見を交えずに年代順に記録したものある。

　海上保安庁の発足から 70 余年。周辺諸国との関係を、いかなる私見や偏見を交えずに、海上保安庁の白書・レポート等から事項を並べて転記するクロニクルの手法を使えば、時代のうねりや背景が見えてくるのではと考えて作成した。

　この資料における白書とは『海上保安の現況』を、レポートは『海上保安レポート』を指す。資料を作成し始めた当初は、年表と白書等の記載文をそのまま年代記に転記することを考えていたが、分量が多過ぎたため、参照したページを示すことで記載文を省略した。

　竹島、北方四島に関する記載が少ないのは、海上保安庁というよりは外務省レベルの問題となっていることを考慮したためで、海上保安庁が関与していないということではない。

　資料をめくっていくと、一度記載された重要事項は、しばらくは年をまたいで重複して記載されるため、最初に記載された事項を中心に年代記に転記した。

　白書・レポートは海上保安庁図書館（中央合同庁舎第 4 号館）に保存されているので、訪問して閲覧しようとしたところ、図書館長から、白書等は国立国会図書館オンラインで検索・確認ができると教えていただいた。また、レポートについては最新版まで海上保安庁のホームページで閲覧できるので、これらを活用させていただいた。

　なお、クロニクルの最後に、環太平洋およびインド洋周辺諸国、G7加盟各国の海上保安組織を一覧表記した。

● 1895（明治28）年

1.14	尖閣諸島を沖縄県に編入することを閣議決定 （▶2022レポートp18尖閣諸島参照）

● 1948（昭和23）年

5.1	海上保安庁発足（初代長官大久保武雄就任）
5.6	対馬沖で密入国事件を検挙（初の刑事事件）
5.12	海上保安庁旗初掲揚（以後この日が開庁記念日、のち海上保安の日）

● 1949（昭和24）年

6.1	海上保安学校設置（東京）
7.18	旧海軍救難曳船「みうら」を大蔵省から巡視船として所管換
12.12	旧海軍特務艦「宗谷」を灯台補給船として所管換

● 1950（昭和25）年

3.13	450トン型巡視船第一船「あわじ」就役
3.15	700トン型巡視船「だいおう」就役
6.25	朝鮮動乱ぼっ発
7.8	警察予備隊及び海上保安庁強化に関するマッカーサー書簡の発表
8.6	御前崎沖で密航船「第八丸良丸」（台湾募兵に応じて密航中の日本人16人乗船）検挙
10.6	海上保安庁特別掃海隊が朝鮮水域の掃海に出動
10.23	マッカーサー書簡に基づく勢力増強のための海上保安庁法改正
11.1	海上保安訓練所を設置（呉）

● 1951（昭和26）年

3.24	270トン型巡視船第一船「くま」就役
4.1	海上保安大学校を設置（東京）
	海上保安学校を移転（東京から舞鶴）
7.27	朝鮮動乱休戦協定締結
10.1	巡視船「みうら」を海上保安学校練習船に指定
10.15	巡視船「栗橋」を海上保安大学校練習船に指定

● 1952（昭和27）年

1.18	韓国李承晩ライン設定
4.25	マッカーサーライン廃止
4.26	海上保安庁法の一部改正により海上警備隊（のちの海上自衛隊）新設
4.28	平和条約発効
5.1	海上保安大学校を移転（東京から呉）
5.23	韓国周辺。北海道北方・東方海域における特別しょう戒開始（閣議決定）
6.13	東シナ海における特別しょう戒開始
8.1	保安庁発足（のちの防衛庁）、海上警備隊及び航路啓開所は保安庁へ移管
9.17	測量船「第五海洋丸」の遭難

● 1953（昭和28）年

6.17	竹島周辺の特別取締り及び調査の実施
7.2	ベル式47D型ヘリコプターを採用
7.6	アッツ島戦没者遺骨引取及び慰霊のため巡視船「だいおう」派遣
7.6	奄美大島返還事務所引継調査団を巡視船「むろと」にて輸送
8.31	測量船「第五海洋丸」の代船を購入、改修のうえ「明洋丸」と命名
9.8	巡視船「ふじ」は、ソ連領樺太から日本人関次郎をちょう報工作員として北海道に輸送して再び迎えに来たソ連船「ラズエズノイ号」を検挙
12.12	シコルスキー式S55型ヘリコプターを採用
12.25	奄美群島本土復帰

● 1954（昭和 29）年

1.1 　定点観測用として使用していた旧海防艦 5 隻を中央気象台から巡視船として移管、そのうち巡視船「**こじま**」を海上保安大学校練習船に指定

7.1 　防衛庁設置、海上公安局法廃止

7.31 　350 トン型巡視船第一船「**とかち**」就役

● 1955（昭和 30）年

4.1 　海上保安訓練所を海上保安学校に統合

4.1 　南極地域観測のため、燈台補給船「宗谷」を調査船として使用することに閣議決定

6.11 　巡視船「**つがる**」を皆既日食観測のためベトナムへ派遣

6.13 　日中漁業協定発効により南シナ海の特別しょう戒取止め
（▶昭和 33 年白書 p71 だ捕事件発生状況 - 中共関係、参照）昭和 30 年 6 月民間団体の手で締結された日中漁業協定により円満に操業が行われており昭和 32 年中事件発生は皆無であった。

12.24 　燈台補給船「**宗谷**」を巡視船に編入

● 1956（昭和 31）年

1.12 　燈台補給船「**若草**」を購入

3.22 　ビーチクラフト式双発飛行機を採用

4.17 　北朝鮮在留邦人引き取りのため、巡視船「**こじま**」を遮湖港へ派遣

8.21 　PT ボート 8 隻を米国沿岸警備隊から受領

11.8 　第 1 次南極地域観測隊輸送のため巡視船「**宗谷**」南極地域へ派遣および定常海洋観測の実施

11.30 　引揚邦人輸送のため巡視船「**こじま**」をソ連へ派遣

12.12 　日ソ共同宣言、日ソ漁業条約、日ソ海難救助協定発効

（▶昭和 33 年白書 p68 だ捕事件発生状況 - ソ連関係参照）昭和 31 年 12 月ソ国交回復をみて一応両国の外交関係が正常化されが、だ捕発生件数はその後も後を絶たない状況である。

● 1957（昭和 32）年

3.12 　900 トン型測量船「**拓洋**」完成

10.2 　第 2 次南極地域観測隊輸送のため巡視船「**宗谷**」を南極地域に派遣

12.16 　韓国海洋警備隊司令官は李承晩ラインの警備を強化する旨発言。
（▶昭和 33 年白書 p71 だ捕事件発生状況 - 韓国関係参照）

● 1958（昭和 33）年

7.14 　巡視船「**さつま**」・測量船「**拓洋**」南方洋上で放射能気団に遭遇
（▶昭和 33 年白書 p71 だ捕事件発生状況 - 中共関係参照）昭和 33 年の中華人民共和国旗事件等に関連して中共の対日態度硬化、5 月に 17 隻の日本漁船が東支那海において領海侵犯の疑いでだ捕、日中漁業協定は更新されず、6 月以降無協定状態。

● 1959（昭和 34）年

12.14 　在日朝鮮人の北鮮帰還が始まり、第九管区海上保安本部が出港地新潟港の警戒実施

1960（昭和 35）年

2.24 　シコルスキー式ヘリコプター 151 号が訓練飛行中墜落

4.28 　昭和 34 年 12 月に開始された北鮮帰還は現在まで合計 19,428 人
（昭和 35 年白書 p3 はしがき参照）昭和 34 年 12 月に開始された北鮮帰還は、昭和 35 年 4 月 28 日現在までに合計 19,428 人が無事送還されている。
（▶昭和 35 年白書 p66 だ捕事件発生状況 - 韓国周辺海域参照）昭和

27 年 5 月以来海上保安庁は、この海域における特別しょう戒を実施し漁船の安全確保に日夜努力を傾注している。

● 1961（昭和 36）年

5.10　大型船のための航路再測量開始
（▶昭和 37 年白書 p76 公海における船舶の保護 -1. 概況参照）北方海域ではソ連が一貫した厳しい態度で臨んでおり、一方韓国周辺海域においては、36 年 5 月のクーデターによる軍事政権発足後も李承晩ライン問題に関する基本的な考え方に変化がないことがうかがわれる。

● 1962（昭和 37）年

1.1　鹿児島に第十管区海上保安本部を設置（九州近海の業務増大）

3.30　130 トン型巡視船第一船「**つくば**」が就役

4.17　「**宗谷**」第 6 次南極地域輸送および観測業務の大任を完遂し東京帰港、同船による南極観測業務終了

4.30　900 トン型巡視船第一船「**のじま**」就役
（▶昭和 38 年白書 p103 だ捕事件発生状況 - 韓国周辺海域参照 ??）昭和 37 年に発生した事件のうち、特異な事例としては、5 月 22 日の安栄丸事件。12 月 13 日にだ捕された 3 隻の釈放要求を行っていた巡視船に対し、韓国水上機、陸上機各 1 機が飛来し、巡視船の上空を執ように超低空で旋回。
（▶昭和 38 年白書 p104 だ捕事件発生状況 - その他の海域参照）昭和 37 年には、中共、国府によるだ捕事件の発生はなかったが、1 月に 3 隻の漁船が中共漁船からの銃撃事件発生。

● 1963（昭和 38）年

6 月　日ソ昆布採取民間協定が成立

（▶昭和 40 年白書 p123 公海における船舶の保護、北海道周辺海域参照）

6 月　韓国のだ捕攻勢のとき、巡視船「**のしろ**」は被銃撃、臨検まがいの尋問受ける
（▶昭和 39 年白書 p74 だ捕事件発生状況 - 韓国関係参照）

9.23　韓国釜山地区にコレラが発生、第七管区海上保安本部を中心に密航取締り強化

● 1964（昭和 39）年

5.30　対馬周辺の領海に国籍不明の高速武装船が現れ、これを調査しようとした海上保安官の職務執行を妨害し、逃走した事件が発生
（▶昭和 40 年白書 p121 領海侵犯事件参照）

6.5　悪質な領海侵犯船に対する海上警察の強化（閣議了解）に基づき、高速巡視艇に小口径の機銃搭載

10 月　韓国警備艇の動きが特に活発となったので応援増派した巡視船を加え 20 数隻を動員。
（▶医昭和 40 年白書 p123 公海における船舶の保護、韓国周辺海域参照）
（▶昭和 40 年白書 p126 公海における船舶の保護、その他の海域参照）39 年にはアメリカによる 5 件のだ捕事件があったが、これは、アメリカの信託統治下にある小笠原諸島および南鳥島の周辺で発生。

● 1965（昭和 40）年

12.18　日韓漁業協定発効、李承晩ライン撤廃
（▶昭和 41 年白書 p132 日韓漁業協定の成立と海上警備、概要参照）わが国の漁船は、日韓漁業協定を誠実に実施しているが、海上保安庁は、水産庁監視船とともに巡視船を共同規制水域に派遣。

● 1966（昭和 41）年

12.13 巡視船と韓国警備艇との第 1 回連携巡視実施

● 1967（昭和 42）年

3.25 双胴型設標船「**みようじょう**」竣工

3.31 三菱シコルスキー S62A 型ヘリコプターを採用

7.31 2,000 トン型巡視船第一船「**いず**」就役

● 1968（昭和 43）年

1.19 米原子力空母「エンタープライズ」佐世保入港警備

1 月 北鮮による米国軍艦プエブロ号捕獲事件発生
（▶昭和 43 年白書 p139 公海における漁船の保護、その他の海域参照）

2.1 日本海南西部海域において漁船等の安全指導のための巡視船航空機によるしょう戒開始
（▶昭和 44 年白書 p9 海上における警備の実施）43 年にはソ連のさんま・さばまき網漁船団が三陸沖から伊豆方面漁場まで南下して操業。

6.26 小笠原諸島本土復帰

● 1969（昭和 44）年

（▶令和 4 年 1992 レポート p018 尖閣諸島周辺をめぐる主な情勢参照）国連アジア極東経済委員会が尖閣諸島周辺海域に石油資源が埋蔵されている可能性を指摘。

1.28 マラッカ・シンガポール海峡における国際協力開始

3.20 大型飛行機 YS-11A が就役

3.20 潜水調査船「**しんかい**」が就役

3 月 大型消防船「**ひりゅう**」が就役

6.5 あらかじめ航行警報の出されなかった演習により、貨物船第 1 伸栄丸（2,999 総トン）が被爆事故にあい、

乗組員 5 人が負傷するという事件発生。
（▶昭和 45 年白書 p14 公海における漁船等の保護参照）
（▶昭和 45 年白書 p149 その他の海域おけるだ捕事件参照）中共によるだ捕事件で、中共側の発砲によりわが国漁船員 1 人が死亡。

● 1970（昭和 45）年

4.13 巡視艇「**あさぎり**」不審船から被銃撃。
（▶昭和 46 年白書 p157 領海警備参照）

● 1971（昭和 46）年

（▶令和 4 年レポート p018 尖閣諸島周辺をめぐる主な情勢参照）中国及び台湾が尖閣の「領有権」について独自の主張を開始。

9 月 旧琉球政府は、昭和 46 年 9 月琉球海上保安庁を新設。
（▶昭和 47 年白書 p200 沖縄における海上保安体制の整備参照）

10.2 巡視船「**さつま**」等不審船追跡
（▶昭和 47 年白書 p111 領海警備参照）43 年巡視艇「**あさぎり**」不審船と類似）

● 1972（昭和 47）年

2 月 大型測量船「**昭洋**」が就役

4.10 巡視艇「**やまづき**」不審船事件
（▶昭和 48 年白書 p99 不審船の警備参照）

5.15 沖縄本土復帰

5.15 第十一管区本部が発足
（▶昭和 47 年白書 p202 今後の課題、沖縄復帰に伴って参照）尖閣諸島は、第 2 次世界大戦後、サンフランシスコ平和条約に基づき、南西諸島の一部として米国の施政権下に置かれ、昭和 47 年 5 月、沖縄復帰とともに我が国に返還。

（▶昭和48年白書p102尖閣諸島周辺参照）沖縄復帰以降12月31日までに同諸島周辺のわが国領海を侵犯した船舶の状況は、そのほとんどが台湾船で、そのつど退去勧告を行ったが、勧告には素直に応じ、懸念された国際紛争は発生しなかった。

● 1973（昭和48）年
（▶昭和49年白書p73緊急入域船等の警備参照）昭和48年、領水内において、不法行為、不審行動をとっていた外国船舶の国籍別では、台湾が39隻と最も多く、次いで韓国26隻、ソ連3隻となっている。

● 1974（昭和49）年
8.24　大湊港における原子力船「むつ」出港に伴う警備

● 1975（和50）年
7.20　沖縄国際海洋博覧会における海上警備
9.2　松生丸銃撃だ捕事件
（▶昭和51年白書p82松生丸銃撃だ捕事件参照）
10.1　特殊救難隊が発足
（▶昭和50年白書p81高速不審船の警備参照）日本海沿岸には、国籍不明の小型の高速不審船が、依然として出没している。

● 1976（昭和51）年
5月　第3次国連海洋法会議の第4会期が開催
（▶昭和51年白書p7新海洋法と海上保安業務参照）
（▶昭和52年白書p77対馬周辺海域参照）昭和51年、韓国漁船による我が国の漁業専管水域での不法操業が多発。
（▶昭和52年白書p79沖縄県周辺海域参照）昭和51年、尖閣諸島周辺において、台湾漁船によるほろ曳網、延縄漁船が増加。

● 1977（昭和52）年
5.13　ベトナム警備艇によるサンゴ採取船第1G丸第25G丸だ捕事件
（▶昭和53年白書p127その他の海域におけるだ捕事件参照）
7.1　「領海法」及び「漁業水域に関する暫定措置法」を施行、12海里の領海と200海里の漁業水域を設定

● 1978（昭和53）年
4.12　尖閣諸島で中国漁船集団操業
（▶昭和53年白書p118沖縄周辺海域参照）
11月　ヘリコプター搭載型巡視船「そうや」が就役

● 1979（昭和54）年
1月　尖閣諸島領海内で韓国漁船を現行犯逮捕
（▶昭和54年白書p23沖縄県・鹿児島県周辺海域における警備参照）
4月　SAR条約採択
10.9　海上保安学校に初の女子学生9名が入学

● 1980（昭和55）年
2.15　鹿島沖で領海内において不法操業中のソ連漁船を初検挙
（▶昭和55年白書p42北海道南岸沖から銚子沖に至る海域における警備参照）
3月〜5月　尖閣諸島周辺で中国及び台湾漁船が約200隻の操業確認。
（▶昭和56年白書p20尖閣諸島周辺海域等における警備参照）
8.21　沖縄本島沖でソ連原子力潜水艦が火災事故
（▶昭和56年白書p15周辺海域における外国艦船の行動の活発化参照）
（▶昭和56年白書p23外国の海洋

調査船に対する警備－外国海洋調査船への対応参照）

● 1981（昭和 56）年

4 月　海上保安学校門司分校を設置

4.9　鹿児島県沖で米原子力潜水艦が貨物船「日昇丸」と衝突、「日昇丸」が沈没

4.22　ソ連軍艦による無通告の実弾射撃訓練実施。

5 月　日本海において多数の日本漁船の漁具が切断される。
（▶昭和 56 年白書 p15 周辺海域における外国艦船の行動の活発化参照）

● 1982（昭和 57）年

1.15　日本のタンカー「へっぐ」がフィリピン・ミンダナオ島東方を航行中、同国空軍機 2 機から機銃掃射を受ける。
（▶昭和 57 年白書 p24 危険物タンカー「へっぐ」被銃撃事件」参照）

● 1983（昭和 58）年

4.30　国連海洋法会議で海洋法条約が採択

8 月　大型測量船「拓洋」就役

9.1　ソ連機による大韓航空機撃墜事件で 2 か月余の大捜索を実施

11.5　巡視船による中国親善訪問
（▶昭和 59 年白書 p123 巡視船隊の中国親善訪問参照）

● 1984（昭和 59）年

（▶昭和 60 年白書 p45 領海警備）昭和 59 年には、我が国領海内で不法行為を行い、又は不審な行動をとった外国船舶 858 隻（うち、漁船 845 隻）を確認している。また、荒天による避難等で緊急入域した外国船舶 2,277 隻（うち、漁船 1,061 隻）についても動静監視、領海侵入船舶の監視取締りを実施している。

● 1985（昭和 60）年

4.25　宮崎県沖高速不審船「第 31 幸栄丸」事件
（▶昭和 60 年白書 p42 40 時間にわたり不審船を追尾参照）

10.1　関西国際空港海上警備隊が発足

● 1986（昭和 61）年

3 月　ヘリコプター 2 機搭載型巡視船「みずほ」が就役

4 月　羽田特殊救難基地を設置

5.4　東京サミットで過去最大の海上警備

10 月　海上保安学校宮城分校を設置

11 月　中型測量船「天洋」が就役
（▶昭和 62 年白書 p45 不審船に対する警備参照）関係機関と緊密な連携をとりつつ、出没する可能性が高い海域に重点を置いて巡視船艇・航空により警戒にあたっている。なお、61 年には不審船は確認されなかった。

● 1987（昭和 62）年

1.20　北朝鮮船「ズ・ダン 9082」亡命事件
（▶昭和 62 年白書 p38 北朝鮮船「ズ・ダン 9082」事件参照）

1.26　関西国際空港建設工事の着工に伴う警備実施

● 1988（昭和 63）年

10.28　ソ連海洋調査船に作業中止させる。
（▶平成元年白書 p85 外国海洋調査船等に対する警備参照）

11.9　米国駆逐艦「タワーズ」訓練弾発射事件
（▶平成元年白書 p82 領海警備参照）

● 1989（昭和 64）年

1 月　大喪の礼の羽田空港沖警備

● 1989（平成元）年（1989）

5.29　ベトナム難民船来航

（▶平成元年白書 p87 いわゆるポート・ピープルの保護参照）

9.2 〜 11.11　巡視船「**やしま**」英国派遣（IMO30 周年記念行事参加）

9 月　ジェット機「**ファルコン 900**」が就役

10.25 〜 26　「日ロ海上保安実務者会議」参加（モスクワ）

11.24　巡視船「**さろま**」（PS02、180 トン型）就役（根室）

12.19　「プルトニウム海上輸送関係閣僚打合せ会」開催

● 1990（平成 2）年

1.31　「即位の礼に伴う中央警備対策室」設置

1.31　巡視船「**いなさ**」（PS03、180 トン型）就役（長崎）

2.28　巡視船「**えちご**」（PLH08、ヘリコプター 1 機搭載型）就役（新潟）

4.27 〜 6.5　巡視船「**みずほ**」、練習船「**こじま**」及びジェット機「**ファルコン 900**」サンフランシスコ派遣（米国沿岸警備隊設立 200 周年記念行事参加）

5.19 〜 25　ソ連による北朝鮮旗さけ・ます漁船拿捕事件発生（▶平成 2 年白書 p(8)ソ連による北朝鮮旗さけ・ます漁船拿捕事件）参照

5.24 〜 2　盧泰愚韓国大統領訪日に伴う海上警備実施

5.25　「日韓海上捜索救助並びに船舶緊急避難協定」（締結）

8.28　「**YS11A**」機により重度の火傷を負ったコンスタンチン君をユジノサハリンスクから札幌まで輸送

10.21　台湾地区スポーツ大会の聖火リレー船等 2 隻尖閣諸島領海内侵入事件発生

10.24　測量船「**明洋**」（HL03、550 トン）

就役（東京）

11.6 〜 10　韓国測量船「釜山 801 号」初来日、日韓水路技術会議開催

12.6　香港航空局が開催した捜索救助訓練にジェット機ファルコン 900 が参加

12.14 〜 26　航路標識測定船「**つしま**」を韓国仁川港に派遣（▶平成 3 年白書 p80 不審船に対する警備参照）福井県海岸に無人の小型船漂着

● 1991（平成 3）年

2.4 〜 8「北西太平洋地域海上捜索救助専門家会議」開催（東京）

3.18 〜　東シナ海の公海上において国籍不明船による我が国漁船への不法な臨検事件が相次いで発生

3.22　巡視船「**きりしま**」（PS04 180 トン型）就役（串木野）

4.6　わが国漁船不審船襲撃事件

4.7　漁船 S 丸不審船威嚇射撃事件（▶平成 3 年白書 p58 東シナ海における安全な操業の確立参照）

4.12　本庁警備第二課に「プルトニウム海上輸送護衛対策室」設置

4.14 〜 19　ゴルバチョフソ連大統領来日に伴う海上警備実施

4.24 〜 29　海上自衛隊ペルシャ湾掃海部隊派遣に伴う海上警備実施

6.26　小型回転翼機（ベル 206B SH082 愛称「**あび 1 号**」）就役（広島）

6.27　プルトニウム輸送護衛巡視船進水、PLH31「**しきしま**」と命名

9.12　水路部創立 120 周年

● 1992（平成 4）年

4 月　ヘリコプター 2 機搭載型巡視船「**しきしま**」が就役

5.19　東シナ海公海上で漁船 G 丸が国籍不明船から威嚇射撃を受ける（▶平成 4 年白書 p 41 東シナ海にお

ける我が国船舶の安全確保参照）

11.8 プルトニウム輸送船「あかつき丸」
と巡視船「**しきしま**」仏国シェルブ
ール港出港

11.8 巡視船「しきしま」の右舷後部にグ
リーンピース追尾船の船首部が衝突

● 1993（平成 5）年

1.5 プルトニウム輸送船「あかつき丸」
と巡視船「**しきしま**」東海港入港

1.14 宮古島北北東沖公海で漁船 G 丸が
不審船から発砲を受ける
（▶平成 5 年白書 p(2) 頻発する東シ
ナ海における不審船事件対策の強化
参照）

2 月 北京にて、（東シナ海の安全航行に関
し）中国取締機関と意見交換を実施

3 月 練習船「**こじま**」が就役

4.6 東シナ海の公海上で航行中の外国貨
物船に不審船が接近するのを配備中
の巡視船が発見
（▶平成 5 年白書 p7 緊迫する東シナ
海の安全の確保参照）

4.18 ～ 30 日 ロシア放射性廃棄物投棄で調
査

5.11 東シナ海の公海上で、漁船 D 丸が不
審船から発砲を受ける
（▶平成 5 年白書 p5 緊迫する東シナ
海の安全の確保参照）

6.30 ～ 7.3 東シナ海における安全航行に関
する第 1 回日中当局間協議（北京）
開催

7 月 悪質巧妙な集団密航と難民船が増加

11.29 ～ 12.3 東シナ海における安全航行
に関する日中当局間協議（東京）開
催
（▶平成 6 年白書 p9 東シナ海におけ
る不審船への対応参照）

● 1994（平成 6）年

1 月 北方四島周辺海域でのだ捕、銃撃事

件への対応

3.22 ～ 4.6 日本海で日韓ロ共同放射能調査
を実施

6 月 相次ぐ中国人集団密航

7 月～ 10 月 尖閣諸島における抗議船に対
する領海警備

9.14 日露両国の海上保安機関が初の合同
海上捜索救助訓練をウラジオストク
沖で実施
（▶平成 7 年白書 p102 海上におけ
る法秩序の維持参照）

● 1995（平成 7）年

4 月 横浜機動防除基地を設置

12.1 ～翌 2.14 中国の石油掘削船が、日中
中間線付近より日本側水域に錨泊
（▶平成 8 年白書 p36 外国海洋調査
船に対する警備の現状参照）

● 1996（平成 8）年

4 月～ 5 月 中国の海洋調査船 5 隻及びフラ
ンスの海洋調査船 1 隻の計 6 隻が沖
縄西方海域の日中中間線付近より日
本側の海域で同時期に集中的に調査
活動
（▶平成 8 年白書 p37 外国海洋調査
船に対する警備の現状参照）

5 月 大阪府泉佐野市に特殊警備基地の設
置及び特殊警備隊の発足

6 月 国連海洋法条約を締結。同条約に伴
って第 136 回国会において関連 8
法案が成立
（▶平成 8 年白書 p24 外国海洋調査
船対策参照）

7 月 国連海洋法条約発効

8 月下旬以降 台湾小型漁船が尖閣諸島領海
に侵入する事案多発

9.26 香港の抗議船が尖閣諸島の領海内侵
入。活動家数名が海に飛び込み、う
ち 1 名が死亡。
（▶平成 9 年白書 p(1) 尖閣諸島をめ
ぐる主な出来事参照）

10.7 台湾小型船舶 41 隻領海侵入、4 人が魚釣島岩礁に強行上陸
（▶平成 9 年白書 p(1) 尖閣諸島をめぐる主な出来事）参照

● 1997（平成 9）年

1.20 韓国漁船領海侵犯操業・公務執行妨害事件（長崎県五島）

5.26 「釣魚台号」等 30 隻が尖閣諸島に接近し、うち 3 隻が領海内侵入。
（▶平成 9 年白書 p(1) 尖閣諸島をめぐる主な出来事参照）

7.1 台湾抗議船 1 隻が、尖閣諸島に接近し、領海内に侵入

9 月 災害対応型大型巡視船「いず」が就役

12 月 消防船「ひりゅう」が就役

● 1998（平成 10）年

1.20 韓国漁船領海侵犯操業・公務執行妨害事件

3 月 大型測量船「昭洋」就役

4.28 尖閣諸島魚釣島北西方の我が国 EEZ において、船尾からケーブルを曳航しながら航行している中国海洋調査船「奮闘 7 号」を確認
（▶平成 11 年白書 p13 過去最高を記録する中国海洋調査船参照）

5 月 インドネシア危機邦人救出
（▶平成 10 年白書 p(10) インドネシア危機邦人救出への対応参照）

6.24 香港・台湾の抗議船団 6 隻が尖閣諸島に接近、「釣魚台号」が領海内侵入。船体放棄後 2 日間経過し、沈没
（▶平成 10 年白書 p(11) 尖閣諸島をめぐる領海警備参照）

8.17 セントビンセント籍コンテナ船中国人（16 人）密航事件（東京港）

8.31 北朝鮮ミサイル発射への対応（日本海及び三陸沖）

● 1999（平成 11）年

1.22 新日韓漁業協定発効

3.23 能登半島沖不審船事案発生、巡視船艇により威嚇射撃

4.12 カンボジア籍貨物船中国人（115 名）密航事件（石川県金沢港）

4.24 自衛隊に海上警備行動発令
（▶平成 11 年白書 p(7) 能登半島沖不審船事案への対応参照）

6.1 新日中漁業協定発効

6.4 関係閣僚会議で「能登半島不審船事案における教訓・反省事項」が了承
（▶平成 11 年白書 p5 能登半島沖不審船事案を踏まえた検討参照）

8.31 東チモールでの緊急事態邦人救出対応に巡視船派遣
（▶平成 12 年白書 p21 国際情勢の不安定要因に対する備え参照）

10.22 パナマ籍貨物船「ALONDRA RAINBOU」号ハイジャック事件（マラッカ・シンガポール海峡）

● 2000（平成 12）年

4.1 海上保安庁の英文名を「JAPAN COAST GUARD」に変更

4.27 ～ 29 海賊対策国際会議（海上警備責任者外交）開催

4.27 海賊対策国際会議の初開催（東京）

5.1 緊急通報用電話番号「118 番」運用開始

6.1 新日中漁業協定発効

7.21 九州・沖縄サミット海上警備

12 月 ロシア、北方四島周辺海域で韓国サンマ漁船に操業許可問題
（▶平成 14 年白書 p04 北方四島周辺水域における第三国漁船の操業問題（いわゆるサンマ問題参照）

12.20 ～ 21 北西太平洋地域海上警備機関長官級会合を初開催（東京）

● 2001（平成13）年

2.10 巡視船「つるぎ」（高速特殊警備船）就役

2月～7月 9隻の海洋の科学的調査を行っている中国海洋調査船が確認
（▶平成13年2001白書p47－日中海洋科学的調査枠組み参照）

11.2 武器の使用について、海上保安庁法の一部改正
（▶平成14年2002白書p02海上保安法の改正参照）

12.22 九州南西海域における工作船事件
（▶平成14年2002白書p02九州南西海域不審船事案への対応）平成13年12月22日、海上保安庁は防衛庁から九州南西海域における不審船情報を入手し、直ちに巡視船・航空機を急行させ同船を捕捉すべく追尾を開始しました。同船は巡視船・航空機による度重なる停船命令を無視し、ジグザク航行をするなどして逃走を続けたため、射撃警告の後、20ミリ機関砲による上空・海面への威嚇射撃及び威嚇のための船体射撃を行いました。しかしながら、同船は引き続き逃走し、巡視船に対し自動小銃及びロケットランチャーのようなものによる攻撃を行ったため、巡視船による正当防衛のための射撃を実施しました。その後同船は爆発して沈没しました。

● 2002（平成14）年

2.25～3.1 自沈した不審船を「長漁3705」と確認
（▶平成14年2002白書p21九州南西海域不審船事案と今後の取組み参照）

3.17 対馬西方で水産庁漁業取締船と連携して韓国漁船船長を逮捕
（▶平成15年2003レポートp37関係機関と連携して外国漁船を摘発した事例参照）

4月 韓国が国際水路会議で日本海は東海の主張
（▶平成15年2003白書p14日本海呼称問題参照）

4月 日本政府、尖閣諸島3島を借り上げ
（▶平成15年2003レポートp33尖閣諸島周辺海域参照）

4月 国際組織犯罪対策基地を設置

4月 水路部から海洋情報部へ名称変更

5.15～ 日韓共催ワールドカップ警備実施

9.11 九州南西海域における工作船引揚
（▶平成15年2003レポートp04九州南西海域における工作船事件の捜査参照）

9.4 日本海中部海域不審船事案

9.17 日朝首脳会談「日朝平城宣言」に署名

10.1 機動救難士発足

● 2003（平成15）年

3.14 （北朝鮮）工作船の乗組員10名（全員死亡）を検察庁へ書類送致
（▶平成15年2003レポートp28捜査結果について参照）

4月 灯台部と警備救難部航行安全課を統合し交通部が発足

5.31 九州南西海域における工作船事件の北朝鮮工作船を一般公開（東京都・船の科学館）

6.23 中国人活動家が乗船した船が同諸島領海内に侵入

8.25 北朝鮮籍貨客船「万景峰92」号入港に伴う海上警備（新潟港）

10.9 中国人活動家が乗船した船が同諸島領海内に侵入
（▶平成16年2004レポートp09尖閣諸島における領海警備参照）

● 2004（平成16）年

1.15 中国人活動家が乗船した船が同諸島領海内に侵入

3.24　中国人活動家が尖閣諸島に不法上陸
　　　（▶平成 16 年 2004 レポート p09
　　　尖閣諸島における領海警備参照）

5.14　沖縄県多良間島北方で台湾はえ縄漁
　　　船を逮捕
　　　（▶平成 17 年 2005 レポート p47
　　　領海内侵犯操業の台湾漁船船長を逮
　　　捕参照）

6 月　海上保安庁の潜水士をモデルにした
　　　映画「海猿」公開

6.17　アジア海上保安機関長会合を初開催
　　　（東京）

8 月　「国際組織犯罪等・国際テロ対策推
　　　進本部（本部長：内閣官房長官）」
　　　が設置

8 月　「大陸棚調査・海洋資源等に関する
　　　関係省庁連絡会議（議長：内閣官房
　　　副長官）」が設置

12.10　横浜赤煉瓦倉庫の近くに海上保安資
　　　料館横浜館が開館（北朝鮮工作船展
　　　示）

12.27　北海道礼文島沖合でズワイガニ違法
　　　転載、韓国人、中国人、ロシア人を
　　　逮捕
　　　（▶平成 17 年 2005 レポート p47
　　　領海内漁獲物違法転載参照）

● 2005（平成 17）年

1.17　ジェット飛行機「ガルフ V」就役

2.9　尖閣諸島の魚釣島に設置されていた
　　　灯台が海上保安庁所管の灯台に

3.14　マラッカ海峡で日本籍タグボート
　　　「韋駄天」号海上武装強盗事案

3.15　1,000 トン型巡視船（高速高機能）
　　　「あそ」就役
　　　（▶平成 17 年 2005 レポート p144
　　　平成 16 年の状況及び平成 18 年
　　　2006 レポート p45 不審船・工作船
　　　対策参照）

5.31　韓国籍あなご筒漁船「502 シンプン」
　　　号が海上保安官 2 名乗船のまま逃走
　　　し、その後逮捕事件

（▶平成 20 年 2008 レポート P21
韓国籍あなご筒漁船「502 シンプン」
号逃走事件参照）

● 2006（平成 18）年

4.22　我が国竹島周辺海域での海洋調査を
　　　中止
　　　（▶平成 19 年 2007 レポート p02
　　　竹島周辺海域における海洋調査参照）

7.5　巡視船「だいせん」竹島周辺海域で
　　　韓国海洋調査船「Haeyang2000」
　　　に警告

7 月　竹島周辺海域での海洋調査中止要請
　　　を韓国拒否するも、日本海放射能調
　　　査日韓共同実施
　　　（▶平成 19 年 2007 レポート P02
　　　竹島周辺海域における海洋調査参照）

8.13　北朝鮮籍船への入港禁止措置等を閣
　　　議決定

8.16　根室沖でかにかご漁船「第三十一吉
　　　進丸」がロシア連邦保安庁国境警備
　　　局に銃撃、だ捕される

10.7　竹島周辺海域にて日本と韓国で放射
　　　能調査を共同実施

10.14　（北朝鮮核実験を受け）北朝鮮籍船
　　　船への入港禁止措置等を実施

10.27　早朝、香港を出港した活動家船船「保
　　　釣二号」が魚釣島の西南西から EEZ
　　　及び領海侵入に警告

11.30　アジア海賊対策地域協力協定に基づ
　　　き、シンガポールに情報共有センタ
　　　ー（ISC）が設置され、職員を派遣

● 2007（平成 19）年

2.2　マラッカ・シンガポール海峡におい
　　　て日、マレーシア、タイとの 3 か国
　　　海賊対策連携訓練を実施

2 月　中国海洋調査船「東方紅 2 号」が尖
　　　閣諸島魚釣島周辺の EEZ において
　　　調査に警告

3.12　島根県松江沖にて、韓国漁船の集団
　　　密漁を摘発

7.20　　海洋基本法が施行

● 平成 20 年（2008）

3.16　　海上保安資料館横浜館の見学者 100 万人突破

3.18　　海洋基本法に基づき海洋基本計画が閣議決定

3 月　　不審船対応を主目的とする巡視船が全船就役（高速特殊警備船 6 隻、高速高機能 1,000 トン型巡視船 3 隻、ヘリ甲板付高速高機能 2,000 トン型巡視船 3 隻の合計 12 隻）

5.12　　天皇皇后両陛下のご臨席を仰ぎ、海上保安制度 60 年周年を挙行

6.10　　巡視船「**こしき**」と台湾遊漁船が衝突、遊漁船沈没（尖閣諸島魚釣島南方海域）

6.16　　台湾抗議船と台湾公船（巡視船）が尖閣周辺海域の領海内に侵入したことを確認
　　　　（▶ 平成 21 年 2009 レポート P08 外国船が尖閣諸島に接近！参照）

7.1　　「領海等における外国船舶の航行に関する法律」が施行

7.9　　福岡県北九州市沖を停留・はいかいしたカンボジア籍貨物船に退去命令
　　　　（▶ 平成 21 年 2009 レポート p62 「領海等における外国船舶の航行に関する法律」施行後、初の退去命令発出参照）

7 月～9 月　　北海道洞爺湖サミット及び関連閣僚会議に伴う海上警備

11.11 ～ 12.17　　海賊テロ対策を目的として巡視船「**しきしま**」を東南アジア地域に派遣（タイ、インドネシア）

12.8　　尖閣諸島周辺の領海内を航行する 2 隻の中国公船（海洋調査船）を確認、警告
　　　　（▶ 平成 21 年 2009 レポート P08 外国船が尖閣諸島に接近！参照）

● 2009（平成 21）年

3.14　　海上警備行動によりソマリア沖へ自衛艦派遣、海上保安庁からソマリア派遣捜査隊（8 名）が同乗

7.24　　海賊対処法が施行、海賊対処行動が発令

9 月　　沖縄県宮古列島の水納島付近の日本の領海内で、巡視船が漂泊中の台湾遊漁船を発見、立入検査忌避罪容疑で逮捕
　　　　（▶ 平成 22 年 2010 レポート p49 外国漁船による密漁等への対策参照）

● 2010（平成 22）年

5.1　　「118 番の日」（1 月 1 8 日）を制定

5.3　　中国海洋調査船が我が国測量船に海洋調査の中止を要求
　　　　（▶ 平成 23 年 2011 レポート p06 中国海洋調査船が測量船に調査中止要求参照）

9.7　　尖閣諸島周辺の領海で台湾トロール漁船「閩晋漁（ミンシンリョウ）5179」が巡視船「**よなくに**」、「**みずき**」に衝突
　　　　（▶ 平成 23 年 2011 レポート p04 巡視船に衝突させた中国漁船船長を逮捕参照）

9.8　　中国トロール船船長を公務執行妨害の容疑で逮捕

9.8　　小笠原諸島婿島の EEZ で台湾漁船を無許可漁業で逮捕
　　　　（▶ 平成 23 年 2011 レポート p25 台湾漁船違法操業事件（小笠原諸島周辺海域参照）

9.9　　中国トロール船船長を那覇地方検察庁石垣支部に身柄付き送致

9.14　　台湾活動家 2 名が乗船の「感恩（カンエン）99 号」が、尖閣諸島周辺の EEZ に入域
　　　　（▶ 平成 23 年 2011 レポート p05 台湾活動家の乗船した漁船が尖閣諸島に接近参照）

9.25 中国トロール船長は処分保留のまま釈放（平成 23 年 1 月 21 日に不起訴処分）
これ以降、中国海監船、中国漁政船が従来以上の頻度で尖閣諸島周辺海域に接近する事案が多発
（▶ 平成 23 年 2011 レポート p20 中国漁業監視船への対応参照）

11.4 中国トロール漁船衝突事件の映像がインターネットに流出
（▶ 平成 23 年 2011 レポート p05 中国漁船衝突事件の映像がインターネットに流出参照）

11.13 〜 14　日本 APEC 首脳会議開催に伴う海上警備（横浜市）

● 2011（平成 23）年

1.13 兵庫県沖 EEZ 内で水産庁漁業取締船が韓国かに籠漁船を発見、巡視船により立入検査忌避で逮捕
（▶ 平成 23 年 2011 レポート p25 韓国漁船立入検査忌避事件（兵庫県沖）参照）

3.5 日本関係船舶がアラビア海オマーン沖の公海上を航行中に 4 名のソマリア人海賊に襲撃される事案発生（米軍に逮捕された 4 名は海賊対処法で日本に移送後、送致）

4 月 大型巡視船に運用司令科配置（不審事象の探知・事案対応能力強化）

5.9 「アジア海上保安初級幹部研修」を開講

6.29 尖閣諸島の魚釣島西方で台湾活動家が乗船する台湾遊漁船を発見、警告
（▶ 平成 24 年 2012 レポート p06 台湾の領有権主張活動家が尖閣諸島の EEZ に入域参照）

7.31 東シナ海の我が国 EEZ で事前通報なしで海洋調査中の中国海洋調査船を発見、警告
（▶ 平成 24 年 2012 レポート p07 中国海洋調査船による調査活動等への対応参照）

8.5 能登半島沖 EEZ 内で違法操業中の中国漁船 2 隻を水産庁漁業取締船と協力し巡視船が無許可操業で逮捕
（▶ 平成 24 年 2012 レポート p55 能登半島沖の我が国の EEZ 内で違法操業した中国漁船 2 隻を検挙参照）

8.24 尖閣諸島久場島沖で領海侵入した中国漁業監視船 2 隻を巡視船が発見、警告
（▶ 平成 24 年 2012 レポート p06 中国漁業監視船 2 隻が東シナ海尖閣諸島の我が国領海に侵入参照）

9.13 石川県能登半島沖で北朝鮮からの漂着船（9 名乗）を保護

10.5 「しきしま」級巡視船 2 隻目起工式

10.8 石垣海上保安部で拠点機能強化型 1,000 トン型巡視船 3 隻体制

12.19 北朝鮮・金正日総書記が死去、監視・警戒態勢を強化

● 2012（平成 24）年

1.6 島根県隠岐諸島沖で北朝鮮からの漂着船（4 名乗）を保護

1.21 「鉱業法の一部を改正する等の法律」施行（我が国の EEZ 内での鉱物資源探査について無許可で探査を行う船舶に対して立入検査、作業の中止命令等の措置可能）

2.17 尖閣諸島久場島沖の EEZ 内で違法操業中の韓国漁船の船長逮捕

2.19 東シナ海の我国 EEZ 内で、海上保安庁の測量船「昭洋」及び「拓洋」が海洋調査中、「中国公船海監 66」から中止要求を受ける事案発生
（?? 平成 24 年 2012 レポート p07 中国公船からの海洋調査中止要求事案参照）

2.28 「海上保安庁法及び領海等における外国船舶の航行に関する法律」の一部を改正する法律案が閣議決定

6.3 海上保安資料館の入館者数が 200 万人突破

6.16	中国海洋調査船「東方紅2号」による海洋調査事案への対応
7月	台湾活動家が乗船した船舶「全家福号」が、台湾海岸巡防署所属船4隻に随伴され、領海に侵入する事案発生 （▶平成25年2013レポートp04 領有権主張活動への対応参照??） この後8月、9月にも台湾漁船等が領海侵入
8.15	香港活動家船舶の発見、活動家が魚釣島西端岩礁に上陸
9.11	海上保安庁にて、尖閣諸島の魚釣島、南小島、北小島の三島を取得、保有 －以後、中国海監船、中国海警船が尖閣諸島周辺海域に接近する事案が頻発に発生、領海に侵入する事案も増加－
9月	海上保安庁が尖閣三島を取得・保有して以降は、台風等により天候が悪い日以外は、常態的に中国公船が同諸島周辺海域を徘徊 （▶平成25年2013レポートp22 中国公船への対応参照）
9.25	台湾漁船団等の確認と尖閣諸島周辺の接続水域、領海侵入 （▶平成25年2013レポートp05 海上保安庁法等の改正参照）

1.24	台湾活動家が乗船した船舶の確認と尖閣諸島周辺の接続水域入域
2.2	那覇航空基地所属航空機が宮古島沖のEEZで違法操業中の中国さんご漁船を発見、巡視船が接舷、船長を逮捕
2月	安倍内閣総理大臣が那覇市を訪れ、巡視船視察、海上保安庁職員を激励
7月	安倍内閣総理大臣が石垣市を訪れ、巡視船視察、海上保安庁職員を激励
7月	中国が海上勢力を有する4つの機関を再編統合して1つの組織とし、7月24日には、初めて「海警」4隻

	が我が国接続水域に入域し、同月26日に領海に侵入
8.1	佐藤雄二海上保安監が海上保安庁長官（第43代）となる
11.28	巡視船「あきつしま」が就役

●2014（平成26）年

9月中旬以降	小笠原諸島周辺海域等で、多数の中国サンゴ漁船とみられる外国漁船が確認、10隻の中国サンゴ漁船を検挙
12月以降	中国サンゴ漁船はほとんど確認されなくなる （▶平成27年2015レポートp04 小笠原諸島周辺海域等における外国漁船への対応参照）
9.30	第10回アジア海上保安機関長官級会合を開催（横浜）
12.4	若狭湾で、海上保安庁及び海上自衛隊の船舶・航空機による共同訓練を実施 （▶平成27年2015レポートp48 海上自衛隊と不審船処置に係る共同訓練を実施！参照）
12.27	沖縄本島南東の我が国EEZで東向け航行中の中国サンゴ漁船を相次いで検挙 （▶平成27年2015レポートp43 中国サンゴ漁船検挙参照）

●2015（平成27）年

2月	最後の大型巡視船2隻が就役し、大型巡視船14隻相当による尖閣領海警備専従体制が確立
4.8〜9	天皇皇后両陛下がパラオを御訪問、巡視船「あきつしま」に御宿泊
6.21	午前11時35分 尖閣諸島大正島北約55海里のEEZで観測機器のようなものを投入している中国「科学3号」確認、中止を要求
7.20	安倍内閣総理大臣による海上保安業務視察（横浜）

9.15 ベトナム海上保安機関との覚書交換

10月 海上保安政策課程を設置（政策研究大学院大学と海上保安大学校が連携する1年間の修士課程）
（▶平成28年2016レポートp27 海上保安政策課程の目的と内容参照）

12月 外見上明らかに機関砲を搭載した中国公船「海警」1隻が尖閣諸島領海に侵入
－以後、外見上明らかに機関砲を搭載した中国海警船が尖閣諸島周辺海域に接近する事案が頻繁に発生、領海に侵入する事案も増加－

● 2016（平成28）年

1月 北朝鮮が核実験
（▶平成29年2017レポートp10 北朝鮮による核実験及び弾道ミサイル発射への対応参照）

2月 尖閣専従体制が確立

5.26～27 伊勢志摩サミット開催に伴う海上警備を実施

7.22 中国海洋調査船「向陽紅20」が事前通報区域外で海洋調査するのを確認、中止要求、事前通報海域に入域

8月 尖閣領海周辺海域で中国公船及び中国漁船の領海侵入等が活発化

8.5～8.9 約200隻から300隻の中国漁船が尖閣諸島周辺海域に見られるなか、中国漁船に続いて、中国公船が尖閣諸島周辺領海に侵入
（▶平成29年2017レポートp05 我が国の海を断固として守ります！～我が国の尖閣諸島周辺海域における中国公船・中国漁船に対し、冷静に、かつ、毅然と対処！～参照）

10.18 若狭湾で海上自衛隊と不審船対処に係る共同訓練を実施!!～テロ対策訓練をあわせて実施、連携強化を確認
（▶平成29年2017レポートp70 参照）

11.26 三陸沖の我が国EEZにおいて、無許可で操業していた中国漁船を検挙

（▶平成29年2017レポートp21 参照）

12.21 「海上保安体制強化に関する関係閣僚会議」が開催され、「海上保安体制強化に関する方針」が決定
（▶平成29年2017レポートp04 重要性が増す海上保安業務の体制を強化するために！～海上保安体制強化に関する方針の決定～参照）

10.27 フィリピン大統領一行による海上保安業務視察（横浜）

12.21 海上保安体制強化に関する関係閣僚会議において、「海上体制強化に関する方針」が決定

● 2017（平成29）年

1月 解役巡視船をマレーシア海上法執行庁へ供与

5.18 尖閣周辺海域において小型無人機らしき物体の飛行を視認

7月～ 大和堆周辺海域で北朝鮮漁船の違法操業が活発化
（▶平成30年レポートp87 外国漁船による違法操業等への対策参照）

9.14 世界海上保安機関長官級会合を初開催（東京）

11.28 松前小島に北朝鮮の漂流船乗組員が上陸する事案が発生

● 2018（平成30）年

7月 中国海警局が人民武装警察部隊（武警）に編入

10.30～ 巡視船「**えちご**」を東南アジア海域等における海賊対策のため、オーストラリア及びフィリピンに派遣

11.16 安倍内閣総理大臣とオーストラリア連邦スコット・モリソン首相の立合いのもと、海上保安庁とオーストラリア国境警備隊が、海上保安分野の協力文書署名と交換

● 2019（令和元）年

2月　規制能力強化型巡視船9隻体制が宮古島海上保安部に完成

2月～3月　ヘリコプター搭載型巡視船「**れいめい**」、「**しゅんこう**」、大型巡視船「**みやこ**」「**つるが**」、大型測量船「**平洋**」の計5隻進水

● 2020（令和2）年

2.27　海上保安大学校に国際交流センター完成

2月　那覇航空基地に新型ジェット機3機が就役し、尖閣諸島周辺海域の24時間監視体制が完成

5月　尖閣諸島の領海内で、操業等を行う日本漁船に、中国海警局に所属する船舶が接近しようとする事案が多数発生（5月、7月、8月、10月計6件）（▶令和3年レポートP17 日本漁船の安全確保参照）

7月　中国海洋調査船「大洋号」我が国の同意を得ない調査を実施

■ 環太平洋諸国およびその他主要国の海上保安組織（国名：アルファベット順）

国名	海上保安組織
オーストラリア連邦	オーストラリア国境警備隊（Australian Bordwr Forse）
バーレーン王国	バーレーン沿岸警備隊（Bahrain Coast Guard）
バングラディッシュ人民共和国	バングラディシュ沿岸警備隊（Bangladesh Coast Guard）
ブルネイ・ダル・サラーム国	ブルネイ王立警察隊（Royal Brunei Police Force）
カンボジア王国	カンボジア国家警察（Cambodia National Police
カナダ	カナダ沿岸警備隊（Canadian Coast Guard）
チリ共和国	チリ海軍（Chilean Navy）
中華人民共和国	中国海警局（China Coast Guard） 中国海事局（Chine Maritime Safety Administration）
クック諸島	クック諸島警察（Cook Islands Police）
ジブチ共和国	ジブチ沿岸警備隊（Djibouti Coast Guard）
フィジー共和国	フィジー国軍（Republic of Fiji Military Forces）
フランス共和国	フランス海洋事務総局（Secretariat General for the Sea）
ドイツ連邦共和国	ドイツ連邦警察（German Federal Police〈BundespoliZei〉）
インド	インド沿岸警備隊（Indian Coast Guard）
インドネシア共和国	インドネシア沿岸警備隊（Bakamia/Indonesian Coast Guard）
イタリア共和国	イタリア沿岸警備隊（Italian Coast Guard）
キリバス共和国	キリバス警察隊（Kiribati Police Service）
大韓民国	韓国海洋警察庁（Korea Coast Guard）
マレーシア	マレーシア海上法令執行庁（Malaysian Maritime Enforcement Agency）
モルディブ共和国	モルディブ国防軍（Maldives National Defence Force）
マーシャル諸島共和国	マーシャル諸島警察局（Marshall Islands Police Department）
モーリシャス共和国	モーリシャス国家沿岸警備隊（National Coast Guard）
メキシコ合衆国	メキシコ海軍（Mexican Navy）
ミャンマー連邦共和国	ミャンマー海事局（Department of Marine Administration, Ministry of Transport and Communications）

● 2021（令和3）年

2月　中国海警法施行

2.21　海上保安庁巡視船「**あきつしま**」と
米国沿岸警備隊巡視船「KIMBALL」
が小笠原諸島沖で合同訓練を実施
（令和3年に5回実施）

3月　規制能力を強化した巡視船「**みかづ
き**」を小笠原海上保安署へ配備

3.3　九州西方海域で、海上自衛隊の船舶・
航空機と不審船対処の訓練を実施

（今回で18回目）
（▶令和3年レポートP17 海上自衛
隊との不審船対処に係る共同訓練の
取組状況参照）

国名	海上保安組織
ナウル共和国	ナウル警察（Nauru Police Service）
ニュージーランド	ニュージーランド王立海軍（Royal New Zealand Defence Force）
パキスタン・イスラム共和国	パキスタン海上警備庁（Pakistan Maritime Security Agency）
パラオ共和国	パラオ海上保安・魚類野生動物保護局（Bureau of Maritime Security and Fish & Wildlife Protection）
パプアニューギニア独立国	パプアニューギニア国防軍（Papua New Guinea Defence Force）
ペルー共和国	ペルー沿岸警備港務総局（General Directorate of Captaincies Coastguards）
フィリピン共和国	フィリピン沿岸警備隊（Philippine Coast Guard）
ロシア連邦	ロシア連邦保安庁国境警備局（Border Service of the Federal Security Service of the Russian Federation）
サモア独立国	サモア警察（Samoa Police Service）
サウジアラビア王国	サウジアラビア国境警備隊（Saudi Arabian Border Guards）
シンガポール共和国	シンガポール警察沿岸警備隊（Singapore Police Coast Guard）
ソマリア連邦共和国	ソマリア沿岸警備隊（Somali Coast Guard）
スリランカ民主社会主義共和国	スリランカ沿岸警備隊（Sri Lanka Coast Guard）
台湾	海巡署（Coast Guard Administration, Ocean Affairs Council）
タイ王国	タイ海上法令執行調整センター（Thailand Maritime Enforcement Command Center, Royal Thai Navy）
東ティモール民主共和国	東ティモール国家警察（National Police of Timor-Leste）
トンガ王国	トンガ王国軍（His Majesty's Armed Force）
トルコ共和国	トルコ沿岸警備隊（Turkish Coast Guard）
ツバル	ツバル警察（Tuvaluan Police Service）
イギリス	イギリス沿岸警備庁（Her Majesty's Coastguard）
米国	アメリカ沿岸警備隊（United States Coast Guard）
バヌアツ共和国	バヌアツ海事庁（Vanuatu Police Service）
ベトナム社会主義共和国	ベトナム海上警察（Vietnam Coast Guard）

名前	郵便番号	住所	電話番号
海上保安庁	100-8976	千代田区霞が関 2-1-3	03-3591-6361
海上保安試験研究センター	190-0015	立川市泉町 1156	042-526-5630
海上保安庁海洋情報部	100-8932	千代田区霞が関 3-1-1	03-3595-3601
海上保安大学校	737-8512	呉市若葉町 5-1	0823-21-4961
海上保安学校	625-8503	舞鶴市字長浜 2001	0773-62-3520
海上保安学校門司分校	801-0802	北九州市門司区白野江 3-3-1	093-341-8131
海上保安学校宮城分校	989-2421	岩沼市下野郷字北長沼 4	0223-24-2338
第一管区海上保安本部	047-8560	小樽市港町 5-2	0134-27-0118
函館海上保安部	040-0061	函館市海岸町 24-4	0138-42-1118
江差海上保安署	043-0041	檜山郡江差町字姥神町 167	0139-52-5118
瀬棚海上保安署	049-4821	久遠郡せたな町瀬棚区三本杉 30-1	01378-7-2634
小樽海上保安部	047-0007	小樽市港町 5-2	0134-27-6118
室蘭海上保安部	051-0023	室蘭市入江町 1-13	0143-23-0118
苫小牧海上保安署	053-0004	苫小牧市港町 1-6-15	0144-33-0118
浦河海上保安署	057-0013	浦河郡浦河町大通１－４８	0146-22-9118
釧路海上保安部	085-0022	釧路市南浜町 5-9	0154-22-0118
広尾海上保安署	089-2624	広尾郡広尾町並木通東 1-12-1	01558-2-0118
留萌海上保安部	077-0048	留萌市大町 3-37-1	0164-42-9118
稚内海上保安部	097-0023	稚内市開運 2-2-1	0162-22-0118
紋別海上保安部	094-0011	紋別市港町 5-3-10	0158-23-0118
網走海上保安署	093-0005	網走市南五条東 7 丁目	0152-44-9118
根室海上保安部	087-0055	根室市琴平町 1-38	0153-24-3118
根室海上保安部花咲分室	087-0032	根室市花咲港 434	0153-25-4012
羅臼海上保安署	086-1832	目梨郡羅臼町船見町 132	0153-87-2274
函館航空基地	042-0913	函館市赤坂町 65-1	0138-58-3515
釧路航空基地	084-0926	釧路市鶴丘 2 釧路空港内	0154-57-4118
千歳航空基地	066-0044	千歳市平和千歳空港内	0123-23-9118
第二管区海上保安本部	985-8507	塩釜市貞山通 3-4-1	022-363-0111
青森海上保安部	030-0811	青森市青柳 1-1-2	017-734-2423
八戸海上保安部	031-0831	八戸市築港街 2-16	0178-33-1222
釜石海上保安部	026-0012	釜石市魚河岸 1-2	0193-22-3820
宮古海上保安署	027-0006	宮古市鍬ヶ崎下町 2-33	0193-62-6560
宮城海上保安部	985-0011	塩釜市貞山通 3-4-1	022-363-0114
石巻海上保安署	986-0845	石巻市中島町 15-2	0225-22-8088
気仙沼海上保安署	988-0034	気仙沼市朝日町 1-2	0226-22-7084
秋田海上保安部	011-0945	秋田市土崎港西 1-7-35	018-845-1621
酒田海上保安部	998-0036	酒田市船場町 2-5-43	0234-22-1831
福島海上保安部	971-8101	いわき市小名浜字辰巳町 11	0246-53-7112
仙台航空基地	989-2421	岩沼市下野郷字北長沼 4	0223-22-2891
第三管区海上保安本部	231-8818	横浜市中区北仲通 5-57	045-211-1118
茨城海上保安部	311-1214	ひたちなか市和田町 3-4-16	029-263-4118
茨城海上保安部日立分室	319-1223	日立市みなと町 14-1	0294-29-0118
鹿島海上保安署	314-0103	神栖市東深芝 9	0299-92-2601
千葉海上保安部	260-0024	千葉市中央区中央港 1-12-2	043-301-0118
千葉海上保安部館山分室	294-0034	館山市沼 987-1	0470-20-0118
千葉海上保安部船橋分室	273-0016	船橋市潮見町 32-5	047-432-4118
木更津海上保安署	292-0836	木更津市新港 8-2	0438-30-0118
銚子海上保安部	288-0001	銚子市川口町 2-6431	0479-21-0118

名前	郵便番号	住所	電話番号
勝浦海上保安署	299-5233	勝浦市浜勝浦 499	0470-73-4999
東京海上保安部	135-0064	江東区青海 2-7-11	03-5564-1118
横浜海上保安部	231-0001	横浜市中区新港 1-2-1	045-671-0118
川崎海上保安署	210-0865	川崎市川崎区千鳥町 12-3	044-266-0118
小笠原海上保安署	100-2101	小笠原村父島字清瀬	04998-2-7118
横須賀海上保安部	237-0071	横須賀市田浦港町無番地	046-862-0118
湘南海上保安署	251-0036	藤沢市江の島 1-12-3	0466-22-4999
清水海上保安部	424-0922	静岡市清水区日の出町 9-1	054-353-1118
清水海上保安部田子の浦分室	417-0015	富士市鈴川町 1-2	0545-31-0118
御前崎海上保安署	437-1623	御前崎市港 6170-2	0548-63-4999
下田海上保安署	415-0023	下田市 3-18-23	0558-23-0118
東京湾海上交通センター	231-8818	横浜市中区北仲通 5-57	045-225-9118
羽田航空基地	144-0041	大田区羽田空港 1-12-1	03-3747-1118
羽田特殊救難基地	144-0041	大田区羽田空港 1-12-1	03-3747-7118
横浜機動防除基地	231-0001	横浜市中区新港 1-2-1	045-226-1118
第四管区海上保安本部	455-8528	名古屋市港区入船 2-3-12	052-661-1611
名古屋海上保安部	455-0032	名古屋市港区入船 2-3-12	052-661-1615
三河海上保安署	441-8075	豊橋市神野ふ頭町 3-11	0532-34-0118
衣浦海上保安署	475-0831	半田市 11 号地 2	0569-22-4999
四日市海上保安部	510-0051	四日市市千歳町 5-1	059-357-0118
尾鷲海上保安部	519-3614	尾鷲市南洋町 6-34	0597-25-0118
鳥羽海上保安部	517-0011	鳥羽市鳥羽 1-2383-28	0599-25-0118
鳥羽海上保安部浜島分室	517-0404	志摩市浜島町浜島 1161 番地 6	0599-53-0300
中部空港海上保安航空基地	479-0881	常滑市セントレア 1-2	0569-38-8118
名古屋港海上交通センター	455-0848	名古屋市港区金城ふ頭 3-1	052-398-0711
伊勢湾海上交通センター	441-3624	田原市伊良湖町古山 2814-38	0531-34-2700
第五管区海上保安本部	650-8551	神戸市中央区波止場町 1-1	078-391-6551
大阪海上保安監部	552-0021	大阪市港区築港 4-10-3	06-6571-0221
岸和田海上保安署	596-0012	岸和田市新港町 1	072-422-3592
堺海上保安署	592-8332	堺市西区石津西町 20	072-244-1771
神戸海上保安部	650-0042	神戸市中央区波止場町 1-1	078-331-8440
西宮海上保安署	662-0942	西宮市浜町 7-35	0798-22-7070
姫路海上保安部	672-8063	姫路市飾磨区須加 294-1	079-231-5063
加古川海上保安署	675-0136	加古川市別府町港町 14-2	079-435-0671
和歌山海上保安部	640-8287	和歌山市築港 6-22-2	073-402-5850
海南海上保安署	649-0101	海南市下津町下津 3066-16	073-492-0134
田辺海上保安部	646-0023	田辺市文里 1-11-9	0739-22-2000
串本海上保安署	649-3510	東牟婁郡串本町サンゴ台 783-9	0735-62-0226
徳島海上保安部	773-0001	小松島市小松島町字外開 1-11	0885-33-2246
徳島海上保安部美波分室	779-2305	海部郡美波町奥河内字弁財天 2-1	0884-77-0555
高知海上保安部	780-8010	高知市桟橋通 5-4-55	088-832-7111
宿毛海上保安署	788-0013	宿毛市片島 10-60-6	0880-65-8117
土佐清水海上保安署	787-0303	土佐清水市旭町 18-46	0880-82-0464
関西空港海上保安航空基地	549-0001	泉佐野市泉州空港北 1	072-455-1235
大阪湾海上交通センター	650-0047	神戸市中央区港島南町 7-2-22	078-381-9118
下里水路観測所	649-5142	東牟婁郡那智勝浦町下里 1981	0735-58-0084
第六管区海上保安本部	734-8560	広島市南区宇品海岸 3-10-17	082-251-5111
水島海上保安部	712-8056	倉敷市水島福崎町 2-15	086-444-9701

名前	郵便番号	住所	電話番号
玉野海上保安部	706-0011	玉野市宇野 1-8-4	0863-31-3423
広島海上保安部	734-8560	広島市南区宇品海岸 3-10-17	082-253-3111
柳井海上保安署	742-0021	柳井市柳井 134-126	0820-23-2250
岩国海上保安署	740-0002	岩国市新港町 3-9-57	0827-21-6118
呉海上保安部	737-0029	呉市宝町 9-25	0823-21-0123
呉海上保安部木江分室	725-0401	豊田郡大崎上島町木江 5067-9	0846-62-0807
尾道海上保安部	722-0002	尾道市古浜町 27-13	0848-22-2108
福山海上保安署	721-0962	福山市東手城町 2-18-3	084-943-5950
徳山海上保安部	745-0023	周南市那智町 3-1	0834-31-0110
徳山海上保安部下松分室	744-0008	下松市新川 2-1-38	0833-41-3022
徳山海上保安部三田尻中関分室	747-0825	防府市大字新田 2049	0835-23-9898
高松海上保安部	760-0064	高松市朝日新町 1-30	087-821-7013
小豆島海上保安署	761-4425	小豆郡小豆島町坂手甲 1835-2	0879-82-1279
坂出海上保安署	762-0002	坂出市入船町 1-6-10	0877-46-5999
松山海上保安部	791-8058	松山市海岸通 2426-5	089-951-1196
今治海上保安部	794-0027	今治市南大門町 1-3-1	0898-32-2882
今治海上保安部三島川之江分室	799-0402	四国中央市三島紙屋町 6-45	0896-24-4498
新居浜海上保安署	792-0011	新居浜市西原町 2-7-55	0897-32-0118
宇和島海上保安部	798-0003	宇和島市住吉町 3-1-3	0895-22-1591
備讃瀬戸海上交通センター	769-0200	綾歌郡宇多津町青の山 3810-2	0877-49-3366
来島海峡海上交通センター	794-0003	今治市湊町 2-5-100	0898-31-4992
広島航空基地	729-0416	三原市本郷町善入寺甲 94-22	0848-86-9191
第七管区海上保安本部	801-8507	北九州市門司区西海岸 1-3-10	093-321-2931
仙崎海上保安部	759-4106	長門市仙崎 1026-2	0837-26-0241
萩海上保安署	758-0011	萩市大字椿東 5607-7	0838-22-4999
門司海上保安部	801-0841	北九州市門司区西海岸 1-3-10	093-321-3215
門司海上保安部小倉分室	803-0801	北九州市小倉北区西港町 103-2	093-571-6091
苅田海上保安署	800-0315	京都郡苅田町港町 27	093-436-3356
下関海上保安部	750-0066	下関市東大和町 1-7-1	0832-67-1711
宇部海上保安署	755-0004	宇部市新町 10-33	0836-21-2410
若松海上保安部	808-0034	北九州市若松区本町 1-14-12	093-761-2497
福岡海上保安部	812-0031	福岡市博多区沖浜町 8-1	092-281-5866
三池海上保安部	836-0061	大牟田市新港町 1	0944-53-0521
唐津海上保安部	847-0861	唐津市二タ子 3-216-2	0955-74-4323
壱岐海上保安署	811-5135	壱岐市郷ノ浦町郷ノ浦 648-5	0920-47-0508
伊万里海上保安署	849-4256	伊万里市山代町久原 2976-31	0955-28-3388
長崎海上保安部	850-0921	長崎市松ヶ枝町 7-29	095-827-5133
五島海上保安署	853-0015	五島市東浜町 2-1-1	0959-72-3999
佐世保海上保安部	857-0852	佐世保市干尽町 4-1	0956-31-4842
平戸海上保安署	859-5121	平戸市岩の上町 1529-2	0950-22-3997
対馬海上保安部	817-0016	対馬市厳原町東里 341-42	09205-2-0640
比田勝海上保安署	817-1701	対馬市上対馬町比田勝 1000-23	09208-6-2113
大分海上保安部	870-0107	大分市大原字地浜 916-5	097-521-0112
大分海上保安部津久見分室	879-2442	津久見市港町 8-5	0972-82-2886
佐伯海上保安署	876-0811	佐伯市鶴谷町 2-3-30	0972-22-4999
関門海峡海上交通センター	800-0064	北九州市門司区松原 2-10-11	093-381-6699
北九州航空基地	800-0305	京都郡苅田町空港南町 9 (北九州空港内)	093-474-7006

名前	郵便番号	住所	電話番号
第八管区海上保安本部	624-8686	舞鶴市字下福井 901	0773-76-4100
敦賀海上保安部	914-0079	敦賀市港町 7-15	0770-22-0666
小浜海上保安署	917-0081	小浜市川崎 1-3-1	0770-52-0494
福井海上保安署	913-0032	坂井市三国町山岸 50-2-2	0776-82-4999
舞鶴海上保安部	624-0946	舞鶴市字下福井 901	0773-76-4120
宮津海上保安署	626-0041	宮津市字鶴賀 2174-2	0772-22-0118
香住海上保安署	669-6541	美方郡香美町香住区境 1104-4	0796-36-4999
境海上保安部	684-0034	境港市昭和町 9-1	0859-42-2532
鳥取海上保安署	680-0906	鳥取市港町 7 番地	0857-32-0118
隠岐海上保安署	685-0012	隠岐郡隠岐の島町東郷字屋の下 99-2	08512-2-4999
浜田海上保安部	697-0063	浜田市長浜町 1785-16	0855-27-0770
美保航空基地	684-0055	境港市佐斐神町 2064（米子空港内）	0859-45-1100
第九管区海上保安本部	950-8543	新潟市中央区美咲町 1-2-1	025-285-0118
新潟海上保安部	950-0072	新潟市中央区竜が島 1-5-4	025-247-0118
佐渡海上保安署	952-0011	佐渡市両津夷 1	0259-27-0118
上越海上保安署	942-0011	上越市港町 1-11-20	025-543-4118
伏木海上保安部	933-0105	高岡市伏木錦町 11-15	0766-45-0118
伏木海上保安部富山分室	931-8358	富山市東岩瀬海岸通り 17-2	076-426-2118
金沢海上保安部	920-0211	金沢市湊 4-13	076-266-6118
七尾海上保安部	926-0015	七尾市矢田新町二部 173	0767-52-9118
能登海上保安署	927-0553	鳳珠郡能登町字小木 21 字 173-3	0768-74-8118
新潟航空基地	950-0001	新潟市東区松浜町新潟空港内	025-273-8118
第十管区海上保安本部	890-8510	鹿児島市東郡元町 4-1	099-250-9800
熊本海上保安部	869-3207	宇城市三角町三角浦 1160-20	0964-52-3103
八代海上保安署	866-0033	八代市港町 139	0965-37-1477
天草海上保安署	863-1901	天草市牛深町 286	0969-73-3194
宮崎海上保安部	887-0001	日南市油津 4-12-1	0987-22-3021
日向海上保安署	883-0062	日向市大字日知屋 16847-5	0982-52-8695
鹿児島海上保安部	892-0812	鹿児島市浜町 2-5-1	099-222-6680
喜入海上保安署	891-0202	鹿児島市喜入中名町 1000-28	099-345-0125
志布志海上保安署	899-7103	志布志市志布志町志布志 3259	0994-72-4999
指宿海上保安署	891-0511	指宿市山川福元 6713	0993-34-1000
種子島海上保安署	891-3101	西之表市西之表 16314 番地 6	0997-22-0118
串木野海上保安部	896-0036	いちき串木野市浦和町 54-1	0996-32-2205
奄美海上保安部	894-0034	奄美市入舟町 22-1	0997-52-5811
古仁屋海上保安署	894-1506	大島郡瀬戸内町大字古仁屋字船津 35-1	0997-72-2999
鹿児島航空基地	899-6404	霧島市溝辺町麓字曲迫 276-2	0995-58-2541
第十一管区海上保安本部	900-8547	那覇市港町 2-11-1	098-867-0118
那覇海上保安部	900-0001	那覇市港町 4-6-5	098-951-0118
名護海上保安署	905-0011	名護市字宮里 452-3	0980-53-0118
中城海上保安部	904-2162	沖縄市海邦町 3-45	098-938-7118
石垣海上保安部	907-0013	石垣市浜崎町 1-1-8	0980-83-0118
宮古島海上保安部	906-0012	宮古島市平良字西里 7-21	0980-72-0118
那覇航空基地	901-0142	那覇市字鏡水 344	098-858-0118
石垣航空基地	907-0244	石垣市字盛山 222-282	0980-86-8511

【 船名 INDEX 】

私たちは海の安全を守ります

　九州、沖縄には大小千を超える島しょが散在し、温暖で美しい海に囲まれていますが一方で夏季の台風、冬季の季節風など自然環境の厳しい地域でもあります。

　この海域は、我が国と東・東南アジア、中近東などを結ぶ外航航路及び国内航路の要衝であるとともに、生活航路として大小様々な船舶が往来しています。特に関門航路は、国内・国際基幹航路として、我が国の産業、経済を支える大動脈となっています。

　近年、客船、LNG船など船舶の大型化、高速化、地震・津波対策等の港湾整備も進んでいます。このような中、海難事故も多く発生しています。

　私たち西部海難防止協会は、これら海域の現状を把握し、社会ニーズに応じた事業を展開し、海に携わる方々が安全で安心できる豊かで活力ある海をめざして一丸となって取り組みます。

 公益社団法人 西部海難防止協会

一般財団法人
日本海洋レジャー安全・振興協会

会　　　長	冨　士　原	康　一
理　事　長	高　　柳	節　夫
常　務　理　事	池　　上	宏
業務執行理事	宮　　里	一　敏

〒231-0005
横浜市中区本町 4-43 A-PLACE 馬車道 9 階
TEL 045(228)3061　FAX 045(228)3063
URL https://www.kairekyo.gr.jp

A SUSTAINABLE FUTURE

―― テクノロジーで、新しい豊かさへ。 ――

YANMAR

シーズ・プランニングの海と船の本 好評発売中

「海洋少年団へようこそ！」 公益社団法人 日本海洋少年団編

「海に親しみ　海に学び　海にきたえる」をモットーに活動する日本海洋少年団は、1951年の創設以来70年にわたり全国的に活動しています。
その活動は多岐にわたり、海洋や船舶で必要な知識や技術の習得はもとより、地球環境保全や地域活動、ボランティア活動など、SDGsの理念に通じるカリキュラムが多数設けられています。
また、これからのグローバル社会で暮らしていくのに必要な国際性や社会性を身につける教育にも力を入れています。
さあ、皆さんも一緒に海洋少年団活動をはじめてみませんか。

1,980円（税込）

「紙模型でみる日本郵船船舶史 1885-1982」 大澤 浩之著

80年近くにわたり、船の紙模型を制作し続けた作者が創作した船の数は約400隻。その中から、日本郵船を代表する46隻の紙模型を取り上げました。大澤氏は常々「私のつくる模型は船の考古学です」と話されていましたが、作品のほとんどが200分の1の洋上模型で統一されています。船はその巨大さゆえ、現物の保存が難しいとされていますが、精巧で丁寧につくられた大澤氏の作品は、その言葉どおり資料としての価値も高いといえます。本書では、作品をさまざまな角度から撮影し、そのディティールや美しさを紹介するとともに、船の主要目や来歴を、大澤氏の記憶とともに綴っています。

2,200円（税込）

「海上保安庁が今、求められているもの」 冨賀見 栄一著

強引とも思える中国の海洋進出により、東シナ海、南シナ海を中心とした海洋東アジアが揺れ動いており、これに対抗して、日本は国際海洋法条約を支柱とした海上警察力を活用しての国際協力を周辺各国に呼びかけています。
日本の海上警察力である海上保安庁に今、求められているものは何か。50年間にわたり、海上保安庁の保安官であり、指揮官でもあった筆者が、自らの経験と洞察に基づき、海洋国家日本の海洋警察力のあり様や海上保安庁の戦略的立ち位置について考察した著作です。昨今の日本周辺海域をめぐる諸問題を深く理解しようとする人にとって必読の書です。

1,650円（税込）

■発行：株式会社シーズ・プランニング　〒101-0065　東京都千代田区西神田2-3-5
　　　Tel. 03-6380-8260　Fax. 03-6380-8390
※上記、出版物は書店注文のほか、Amazon等のネット書店でもご購入できます。
　また弊社通販サイト（くとうてんのtana）からもお申し込みできます（右のコード）。

海上保安庁 DVD シリーズ　好評発売中

vol.1 海上保安官が見た巨大津波と東日本大震災復興支援

東北地方の海上保安部・署6箇所で記録された巨大津波映像と東日本大震災復興支援のために、海上や破壊された港湾で活動する潜水士の姿を中心とした記録映像と現地取材映像を収録。

1,000 円＋税（118 分）

vol.2 南極観測船「宗谷」と巡視船「そうや」

南極観測船として活躍した「宗谷」の貴重映像と厳寒のオホーツク海の安全を守る巡視船「そうや」による海水観測。その2隻の足跡を、海上保安官の体験談を交えて紹介。

1,000 円＋税（82 分）

vol.3 五管の海上保安官

第五管区海上保安本部の海上保安官たちの日頃の訓練や巡視船「とさ」、「びざん」の活動を収録。船舶の通航が多い明石海峡航路の安全を守る大阪湾海上交通センターの仕事も紹介。

1,500 円＋税（42 分）

vol.4 特殊救難隊

「特殊救難隊」は、火災船・転覆船からの人命救助、危険物・有害物搭載船の事故対応など、海難救助のプロフェッショナルチーム。過酷な状況に対応するための厳しい訓練を密着取材。

1,500 円＋税（60 分）

vol.5 2017 年度海上保安庁 三管区「総合訓練」第五管区「訓練展示」

羽田沖で開催された第三管区の「展示総合訓練」と、神戸須磨沖で開催された「海上保安庁訓練展示」の様子を収録。海難救助、海上防災、テロ容疑船捕捉・制圧など迫力満点の訓練風景が楽しめます。

2,500 円＋税（60 分）

vol.6 海上保安制度創設 70 周年記念 観閲式及び総合訓練

海上保安庁開庁 70 周年を記念して、2018 年 5 月 19 日、20 日に羽田沖で 6 年ぶりに開催される「観閲式及び総合訓練」の模様を徹底取材。

2,000 円＋税（60 分）

■制作・発売：有限会社アートファイブ　〒113-0033　東京都文京区本郷 1-15-2-2F　Tel. 03-3818-2842
※「海上保安庁 DVD シリーズ」は amazon、公益財団法人 海上保安協会（うみまるショップ .jp）でお申し込みいただけます。

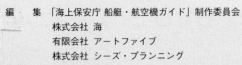

編　集　「海上保安庁 船艇・航空機ガイド」制作委員会
　　　　株式会社 海
　　　　有限会社 アートファイブ
　　　　株式会社 シーズ・プランニング
編集協力　小山信夫

写真提供　有澤豊彦　井上孝司　岩尾克治　小山信夫　官野　貴
　　　　　楠本敬弘　花井健朗　船元康子　（50 音順）

参考資料
海上保安レポート
海上保安庁ホームページ
世界航空機年鑑（せきれい社）
世界の艦船（海人社）
JShips（イカロス出版）
海上保安庁十年史
海鳴りの日々—かくされた戦後史の断層（海洋問題研究会）
海上保安庁 船舶と航空機（財団法人 海上保安協会）
写真録 海上保安庁（財団法人 海上保安協会）
公益財団法人 日本財団ホームページ

海上保安庁 船艇・航空機ガイド 2023-24

発行日　2023 年6月30日　第1刷発行
編著者　「海上保安庁 船艇・航空機ガイド」制作委員会
発行者　長谷川一英
発　行　株式会社 シーズ・プランニング
　　　　〒101-0065　東京都千代田区西神田 2-3-5　千栄ビル 2F
　　　　電話 03-6380-8260
発　売　株式会社 星雲社（共同出版社・流通責任出版社）
　　　　〒112-0005　東京都文京区水道 1-3-30
　　　　電話 03-3868-3275

©umi, artfive, seeds-planning 2023
ISBN978-4-434-32404-8　Printed in Japan